做个懂幽默能包容有智慧的女人

佳薇◎编著

中国纺织出版社

内 容 提 要

什么样的女人更容易赢得成功，生活质量更高？本书从三个方面探讨了这个问题：一是懂幽默，就是要以更加轻松的心态面对各种人和事，懂得幽默、运用幽默，生活中才能有更多欢乐。二是能包容，就是心胸豁达一些，遇事少计较一些，这会让女性朋友头顶上的天空变得更辽阔。三是有智慧，就是凡事不可想当然，而应多动动脑筋。有句俗话说得好，吃不穷，穿不穷，算计不到就受穷，其实不光经济方面，生活、工作、人际交往，哪里多用点心，哪里就能做得更好。

图书在版编目（CIP）数据

做个懂幽默　能包容　有智慧的女人/佳薇编著．—北京：中国纺织出版社，2010.1（2011.1 重印）

ISBN 978－7－5064－6006－4

Ⅰ．做…　Ⅱ．佳…　Ⅲ．女性—修养—通俗读物　Ⅳ．B825－49

中国版本图书馆 CIP 数据核字（2009）第 184735 号

策划编辑：李秀英　祝秀森　　责任编辑：陈　芳

特约编辑：陈　婧　　　　　　责任印制：陈　涛

中国纺织出版社出版发行

地址：北京东直门南大街 6 号　邮政编码：100027

邮购电话：010—64168110　传真：010—64168231

http：//www. c－textilep. com

E－mail：faxing@ c－textilep. com

三河市航远印刷有限公司印刷　各地新华书店经销

2010 年 1 月第 1 版　2011 年 1 月第 2 次印刷

开本：710×1000　1/16　印张：17

字数：220 千字　　定价：29. 80 元

凡购本书，如有缺页、倒页、脱页，请向购买处调换

经销电话：（010）52631655　13717666168

传　　真：（010）52631699

前言

美国《妇女杂志》主编说："任何一个女人都有难以割舍的情结，即关心自己生活的品位和质量。"她们可能这样问：成功女人都具有哪些特质？如何调整自己以应对现实生活的重重压力？

随着社会生活的复杂性以及生存竞争的激烈性，许多成功女性早已不再是柔顺、脆弱的小女人形象，取而代之的是通透世情、幽默风趣，又不失主见。她们熟稔地转换于社会赋予她们的多重角色间，神采飞扬。可见，懂幽默、能包容、有智慧不觉间已成为现代社会衡量优秀女人的新标准，也是成功女性凸显的整体素质。

本书围绕懂幽默、能包容、有智慧这三方面的特质进行了诠释。

懂幽默的女人活得幸福。人们常常因为背负太多的重担而过于认真，此时的幽默如同点缀于现实生活中的花朵，有力地缓解了身心的疲惫。懂幽默的女人展示的是口才，放下的是负累，带来的是快乐，感悟的是幸福。

能包容的女人活得洒脱。她们天性中具有一种旺盛的、丰富的、充满母性特质的能量，以博爱的胸怀、剔透的心灵去包容人性中的不完美。在人与人的频繁接触中，难免会出现磕磕碰碰的现象，在这种情况下，学会大度和包容，就会为女人赢得一个好的人际环境。“海纳百川，有容乃大。”女人们过人的气度会让她们具有一种征服的力量，柔和着人世间过于尖锐的棱角。

有智慧的女人活得明白。这里所说的智慧是一种高明的处世、做事的方法。就像大家都知道的《红楼梦》里薛宝钗“不关己事不开口，一问摇头三不知”，这使她凡事不会像黛玉一样用尖酸刻薄的话语大出风头，而是充耳不闻，视而不见，自己心里明白也就行了。

英国有句谚语说：对于运用理智的人来说，人生乃一喜剧；对于诉诸感觉的人来说，人生乃一悲剧。有智慧的女人自然也是一个理性的女人，她们头脑里往往有一幅清晰的图景，明白自己有什么、缺什么，要什么、靠什么，选什么、弃什么，信什么、疑什么。她们在社会中腾挪有余，深明事理，又从容淡定。

生活中，总有这样的女人：她们优雅地穿梭于人群之中，目光明澈，言语诙谐幽默，不拘小节，又能照顾到他人的细微感受。和这样的女人接触，能够让你时刻感觉到她们的细心、用心、贴心，使人如沐春风。

本书笔调轻松，内容深入浅出。希望它能够带给你一个全新的心灵体验。也希望它能像一面镜子，使失落时的你重整自我，迈向新的生活。

目录 Contents

上篇　懂幽默的女人活得幸福

随着时代的发展，女人已打破了封建的桎梏，成为社会的主力军。女人的心灵世界也从原本狭窄的生活空间中弥散开来，拥有了开阔的心胸，广博的视野，取顺从、缄默而代之的是女人言行中的那一丝幽默感。幽默的女人展示的是口才，放下的是负累，带来的是快乐，感悟的是幸福。幽默的女人用幽默表达着对人生的理解和感悟，幽默的女人用幽默传递着对生活的灵感与绵绵不尽的爱。

中篇　能包容的女人活得洒脱

包容是一种修养，一种境界，一种美德，更是一种非凡的气度。作为女人，也许很娇贵，也许很单纯，也许很浪漫，但拥有一颗包容之心，才是女人最可爱的地方。然而女人中很少有能够懂得包容的真正含义的，更少有人能真正做到包容。要知道，包容是需要女人用行动来实现的，它是一种看透人生的淡定，一种睿智。

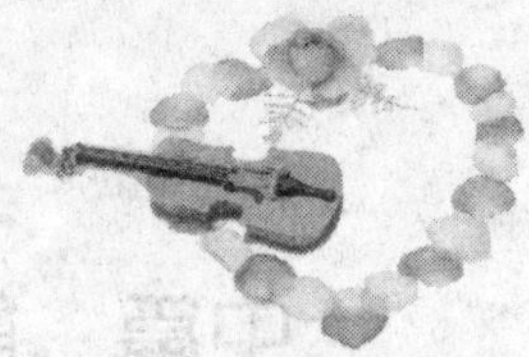

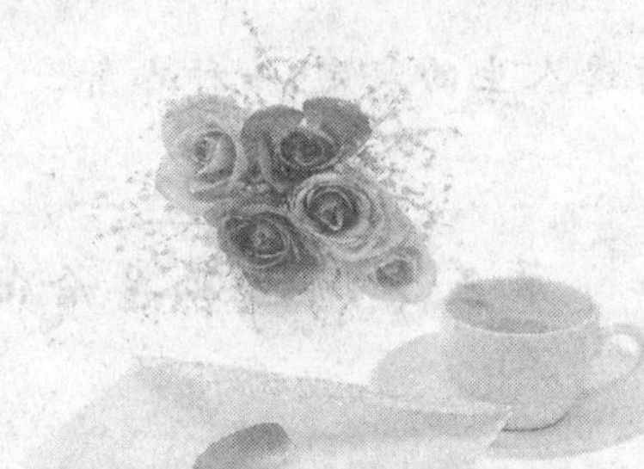

下篇　有智慧的女人活得明白

有智慧的女人内心沉稳、踏实、通透。她们未必完全了解这个世界，但她们能够安于生活，能游刃有余地驾驭生活。因为她们明白自己，了解他人。明白自己就会少走弯路，避免误入歧途。了解他人就不会委屈自己去迎合别人，就不会被他人所利用。一句话，有智慧的女人心中自有一盘清晰的棋局，整盘棋局都在她自己的掌握中，她们将可预知的风险最小化，知道自己什么时候该做什么、能做什么、什么最适合自己，因而能够在现实生活中进退自如，腾挪得当。

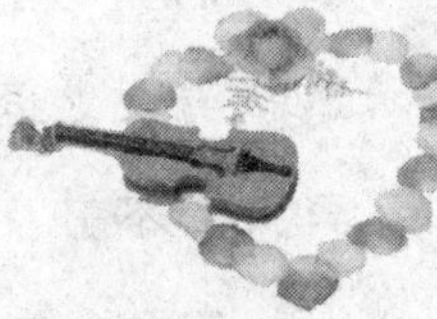

上篇 懂幽默的女人活得幸福

随着时代的发展，女人已打破了封建的桎梏，成为社会的主力军。女人的心灵世界也从原本狭窄的生活空间中弥散开来，拥有了开阔的心胸，广博的视野，取顺从、缄默而代之的是女人言行中的那一丝幽默感。幽默的女人展示的是口才，放下的是负累，带来的是快乐，感悟的是幸福。幽默的女人用幽默表达着对人生的理解和感悟，幽默的女人用幽默传递着对生活的灵感与绵绵不尽的爱。

第一章　幽默的女人展示的是口才

幽默是一种口才艺术的体现，是口才与素养的凝华。生活中幽默的女人往往不是那种言语木讷、拙于表达的女性，而举止优雅、谈吐风趣的女性往往很受欢迎。既然好口才可以培养，幽默感也可以通过学习而渐渐让女人们有所体悟。所以女人们不要气馁，要做一个懂幽默的女人，勇于推销自我，展示自己的口才，让生活充满希望。幽默在口才评价时所占的分量毋庸置疑，作为思想、学识、智慧和灵感在语言运用中的结晶，幽默是一种瞬间闪现的光彩夺目的火花。

幽默是口才与素养的凝华

快乐的生活少不得风趣的语言，幸福的人生需要有幽默的智慧。幽默是女人口才与素养的凝华。

幽默是人类独有的特质，是智慧的体现。因为它可以化解人际交往中的冲突或尴尬，能使人的怒气消释，亦可带给别人快乐。美国著名的管理心理学家芭芭拉·马考夫博士说过："幽默能将我们带离痛苦的感受，帮助你说出难言之事，并且使你在棘手的情况下成功地找到航向。"人人都喜欢与机智风趣、谈吐幽默的人交往，而不愿同动辄与人争吵，或者郁郁寡欢、言语乏味的人来往。幽默，可以说是一块磁铁，吸引着大家；也可以说是一种调节剂，使烦恼变为欢畅，使痛苦变成愉快，将尴尬转为融洽。

然而，通过观察，马考夫博士却发现大多数女性却对"幽默"敬而远之。有些女士认为，表现幽默会让自己看起来很可笑，会受到别人轻视，进而怀疑自己的能力；而某些女性则认为，如果自己维持轻松的态度，会受到不礼貌的侵犯，所以，必须时时刻刻保持安全距离，尽量远离幽默。

于是，在许多场合，男人成了幽默的主角，而女人似乎只有倾听的份儿；在每每谈起幽默大师时，人们也只会列举诸如鲁迅、钱钟书、林语堂等。

沈醉的女儿沈美娟有一次因外出听课，匆忙中未把家中的火炉封好。等她回来，已经很晚了，孩子放学后没能吃上饭，就饿着肚子趴在桌子上睡着了。丈夫比她早一点到家，见家里冷锅冷灶，顿时火冒三丈，见她进门，劈头盖脸骂道："你怎么在家里就像个活死人，连火都看不住。"沈美娟没有火上加油，反唇相讥，而是心平气和地笑道："你火什么？火再大，也点不着炉子呀？"一句话，丈夫脸上的肌肉松弛了，但仍然怒气未消地说："你呀，要没有我，怕是早到外面'讨饭'去了。"沈美娟说："所以我才离不开你呀！"丈夫终于"扑哧"笑了。

幽默就具有如此神奇的力量，能给你带来很多意想不到的好处。

其实，幽默是上天赐予女人的美丽法宝，因为女人的幽默不仅能够传递出她们心里的欢愉，也是她们赠送给世界的一份美好礼物，可以“传染”给她们身边所有的人，让人们在保持愉快心境的同时，也深深折服于女人的美丽智慧。

现实生活中有不少人善于运用幽默的语言来处理各种关系，化解矛盾，消除敌对情绪。他们把幽默作为一种无形的保护阀，使自己在面对尴尬的场面时，能免受紧张、不安、恐惧、烦恼的侵害。幽默的语言可以解除困窘，营造出融洽的气氛。

幽默可以松弛紧张的情绪，也可以自我解嘲。现实生活中常常不乏让人碰得头破血流仍然得不到解决的问题，但是，如果来点幽默，却往往会迎刃而解，化干戈为玉帛。

有人说，幽默感是与生俱来的。其实，幽默感多是伴随着以下素养产生的。

1．对幽默内涵的理解

幽默不是油腔滑调，也不同于嘲讽，幽默常常在诙谐中挟带着对生活的深刻理解，有时幽默也能让人发现自己的失误，并愉快地接纳他人的正确观念。

2．知识面的拓展

幽默建立在丰富知识的基础上，只有具备丰富的知识，才能够谈资丰富，妙言成趣。所以，你必须懂得广泛涉猎，用人类的文明成果丰富自己的头脑，从浩如烟海的书籍中收集幽默的浪花，从名人趣事的精华中撷取幽默的养分。

3．具备高尚情操

幽默常常是一种宽容精神的体现，只有善于体谅他人，陶冶自己的情操，才能真正做到宽宏大量，与人为善。

4. **乐观的生活态度**

幽默与宽容、乐观是亲密的朋友，很难想象一个终日里愁眉苦脸、忧心忡忡的人会有出色的幽默感。

5. **深刻的洞察力和机敏的思维能力**

迅速地捕捉事物的本质，并辅以恰当的比喻、诙谐的语言，就能使人们产生轻松的感觉。因此，你应该不断地提高自己观察事物的能力，培养机智敏捷的作风。

不同经历、不同年龄的女性，即使同样出类拔萃，聪明过人，也会有不同的时代烙印。虽然每个人的人生经历迥异，但都要有一种从容不迫的幽默感，懂得从生活中提炼出生存的智慧，锦心绣口，带着激情而现实的生活态度，快乐地享受着自己的人生。

幽默的女人，拥有一种豁达的、对一切事物的透彻了悟，她不会因为困难而畏缩。因为通透，所以乐观。原来生活只是那个样子的，你为难也好，困苦也罢，其实都可以一笑了之，这样所有的问题都会在笑谈中灰飞烟灭，交往就变得更轻松自如，让朋友总是如沐春风。

好的幽默是女人口才与素养相融合而自然显露出的对生活的一种灵气，它是生活的厚度和出色的语言表达能力二者的结合。女性朋友们，请你微笑。轻松地，保持你的聪明和幽默，优雅地，过好你的生活。

女人幽默法典

幽默可以使女人在交际场上营造欢快、热烈的氛围，妙语连珠又不流于浮浅。明白了这一点，一点一滴地培养你的口才，让自己成为受欢迎的女人。

知识经验是幽默的基础

一个懂幽默的女人必然善于运用语言，一个讷于言者只能运用有限的肢体语言来表达她的幽默感。然而好的口才需要广博的知识积累，因此一个有幽默感的女人也必须有意识地进行文化积累，从而增强语言的幽默效果。

知识是幽默的沃土，幽默是知识的产物。广博的知识使幽默得心应手，左右逢源。

我们看下面一个例子：

两个乡下财主站在村头说私房话儿，农夫老田见了，同他们打过招呼就走了。忽然，其中一个瘦财主喊道："黑老田，站住！"

农夫站住了，对匆匆赶来的瘦财主说："您有什么事儿？"

瘦财主喘了喘气无中生有地说："你打断了我们的话把子，赔三石谷，折合洋钱五十块，必须三日之内交清。"

老田回到家里，愁眉苦脸，茶饭不进，只差寻短见了。他的妻子问怎么了，老田照实说了。他的妻子就说："这有什么可怕的？到时由我对付！"

到了第三天，老田妻子叫老田上山打柴，自己便在家门口等着。瘦财主来了，劈头就问："你家老田呢？"

老田妻子不慌不忙地回答说："他上山挖旋涡风的根去了。"

瘦财主一听，喝道："胡说，旋涡风怎么还有根？"

老田妻子反问："那么，话还有把子吗？"

瘦财主无言以对，只得愤愤地走了。

幽默是建立在知识与经验的基础上的，想成为一位幽默家，必须对古今中外、天南地北、历史典故、风土人情都有所了解，必须对天文地理、声光电化、文法哲经、名人逸事、影星趣闻都有所关注。

适当地运用幽默既能表现你的文化素养，也能让对方感受到你不同寻常的精神气质，从而使拘谨的气氛得以缓和，使你的形象变得更加可敬可爱。

毛泽东身边曾有一位姓张的卫士。

这天，毛泽东出现在小张眼前，小张非常紧张，以致瞠目结舌，手足无措。

当毛泽东询问小张叫什么名字时，小张紧张得脸都憋红了，一时语塞，半句话也说不出来。

这种情形下，站在小张旁边的一位战友介绍说："这是警卫连通讯员张木奇。"

毛泽东就问是哪几个字，并将自己的大手伸在张木奇面前，让他写出来。

张木奇茫然失措地点点头。

然后天真地用右手食指在舌头上沾湿，就在毛泽东的左手上写。

毛泽东笑着说："说话么，会说话的木头才叫奇，对不对？"毛泽东的这句话顿时把大家都逗乐了，张木奇也笑了，原来紧张的心情在笑声中消失了。

作为一代伟人，毛泽东既具有革命家、政治家和军事家的英雄气概，又具备诗人情愫和文学家敏感睿智的思想，他在日常生活中与各种身份的人物交往时，通常是运用幽默的力量使身边的人消除了由于对伟人的那份敬仰而带来的距离感，从而让对方自由地谈论观点，发表意见。

要想运用幽默手段表现自我，除了用知识和素养来锻炼自己的口才之外，还要适当地附以机智和智慧，懂得如何随着情境的变化而进行幽默，如此，生活中的每一个瞬间都将是你表现自我的舞台。

幽默，是一门魅力无穷的艺术。幽默用它特有的魅力吸引着无数人为之倾倒。世界各国的人都以其特有的方式体现着他们的幽默智慧。一个女人是否有影响力，在一定程度上取决于她是否具有幽默感，是否具有出色的口才。

女人幽默法典

知识经验能增强你的语言表达效果，也会使你的幽默不致流于浮浅，它让人们在微笑中感受到你的智慧、阅历和丰富的内涵，从而增添你的形象魅力。

幽默是一门说话的艺术

幽默是一门说话的艺术，幽默是语言运用的升华。在演说、谈话中，一些就地取材的诙谐语言，灵机一动的闪光智慧，或是不露痕迹插进的成语典故和幽默笑谈，既使讲话者调节了节奏，也使听者解除了疲劳，从而给人以美的享受。

幽默的主要表现形式是语言。其实，在社会中我们不难发现：男性一般都能够将幽默和欢乐带给身边的每一个人，而女人在这点上就较之男人们逊色了。培养自己的幽默感也是在交际中女人应值得注意的地方。

有时人们把幽默理解为油腔滑调、取笑逗乐，这是对幽默的误解。幽默产生的笑是含有严肃内容的笑。如果把幽默理解为耍滑头、装滑稽、出洋相，那是对幽默的歪曲和庸俗化。幽默的语言要显得高雅而不失风趣。

崔永元是中央电视台较为年轻的著名主持人之一。有一次，一位电视观众突然问崔永元：“生活中有没有关于你的绯闻？”

崔永元回答说：“表示好感的信也收到过一些。但至今还没听说小崔的什么绯闻。一个原因是受夫人领导多年，夫人管得严；另外一个原因是这些信不是冲着我而是冲着中央电视台这块金招牌来的，因为许多年前我在中央人民广播电视台当记者的时候，真是又年轻又潇洒，帅呆了，但从来没有人写过这种信给我。”

崔永元回答可谓风趣巧妙，寓庄重于诙谐之中。他表明了虽然在生活中有着产生绯闻的土壤，但一切都没发生。既道出了自己的正直品行，更反映了自己的洞察能力。

幽默就是在我们看来是正常的行为中觉察出细微差别，在貌似正常的现象中看出了不正常的地方。这就是著名幽默大师卓别林的精辟见解。

语言是交流的工具，它能表达人们的思想和情感。同一个意思，长短不同的句子具有不同的表达效果，一般书面语中用长句子的时候较多，因为书面语讲求逻辑严密。但是在日常生活中，为了表达和接收的方便，我们则较多使用短句表达自己的想法。

所以，一般的生活用语大都简短有力。比如在日常交流中，经过很长时间的沉默后，以一两句画龙点睛的话去作总结，就会产生令人难以抗拒的幽默效果。

在一次电视节目中，主持人向一位女作家问了这样一个问题：“一个女人要婚姻持久，你认为什么是最重要的？”“一个耐久的丈夫。”女作家随口答道。

那位主持人提出的问题不是一两句话就能说清楚的，但女作家又不能不回答，为了避免过多的纠缠，女作家一句“一个耐久的丈夫”，既幽默、简洁又发人深思，可谓“一语惊人”。上述幽默也变相地提醒女人们，真正的幽默会让人在微笑中思考。

其实，生活是个很大的舞台，在这个大舞台的很多场景里我们都能看到各种各样的人演出一幕幕“一语惊人”的剧目，女作家可以成为主角，小女孩也可以。

在萧伯纳访问苏联期间，一天早晨，他照例外出散步，一位极可爱的小姑娘迎面而来。萧伯纳叟颜童心，竟同她玩了许久。临别时，他把头一扬，对小姑娘说："别忘了回去告诉你的妈妈，就说今天同你玩的可是世界上有名的萧伯纳！"萧伯纳暗想：当小姑娘知道自己偶然间竟会遇到一位世界大文豪时，一定会惊喜万分。

"您就是萧伯纳伯伯？""怎么，难道我不像吗？""可是，您怎么会自己说自己了不起呢？请您回去后也告诉您的妈妈，就说今天同您玩的是一位苏联小姑娘！"

上面故事中，苏联小姑娘不但"一语惊人"，"惊"的还是一个伟大的人物。她聪明幽默地展示了人人平等、自信等值得赞扬的信念，从而一语惊醒了有些许骄傲的萧伯纳。

有一次，著名作家马克·吐温在法国旅行，在去迪照恩的火车上，他十分困倦，打算睡上一觉。因此，他请求列车员在火车到迪照恩时把他叫醒。

他首先解释说他是一个非常嗜睡的人："小姐，当你叫醒我时，我可能大声抗议。"他对列车员说，"不过，无论如何只要把我弄下车去就行了。"

于是，马克·吐温睡着了。

当马克·吐温醒来的时候，已经是深夜，并且火车已经到了巴黎。他立刻意识到列车员在迪照恩时忘记把他叫醒了，他非常生气。

他跑向列车员并冲她大声嚷道："我一生从来没生过这样的气，也没有发过这样大的火。"

列车员平静地看看他说："你的火气还没有我在迪照恩推下去的那个美国人的一半大呢！"

列车员的幽默，让我们在快乐中原谅了她的粗心大意。可见，幽默要想能够打动人，那就要将语言运用得当。下面就是给女人们的几点建议。

（1）轻松应对

你首先要做的是放松。如果你付诸了行动，没有人会对你表示不满，况且你要面对的也不是改变命运的考验。你只不过是想给自己的生活和言谈增姿添彩，使自己显得更为随和。因此不要给自己太大压力。

（2）不要较真

减轻生活和自我的压力，要习惯于对事情持保留态度，遇事要看到幽默的一面。你会发现，在大多数情况下，即使是接到 200 元的违停或超速行驶的罚单或踩在香蕉皮上滑了一跤也可以为你带来幽默的谈资——秘诀是你能发现这些事情，并敢于自我解嘲。

（3）做“流行文化通”

如果你没有一些参考资料或素材，那你不可能有幽默感。你的知识面越宽，你说的话就越风趣。

（4）独树一帜

幽默不仅仅是大开玩笑，它取决于你谈话的习惯，看待事物的态度，如何表现自己以及说话时的腔调和姿态。言谈要生动活泼，这样你就能使所有的故事变得趣味盎然。

与他人进行目光交流，自信地发表意见，这样每个人都想倾听你的故事。另一方面，如果你的幽默较为隐晦，具有讽刺性，那就扮演一下那个角色，并用一种平淡的语调来说话。你的表达技巧需与你的幽默保持一致，如果时机不当，那么你会弄砸了整个玩笑的。

（5）要有创意

具有幽默感不仅仅是翻来覆去地炒“旧饭”。如果你将一些流传多年的笑话改头换面，旧调重弹，人们会觉得你是傻子，而不是一个富于幽默感的人。幽默最好是在谈话或讨论时融入一些独到和发自内心的见解。

（6）不惧失败

你的目标并不是要哄堂大笑，而且任何一个优秀的喜剧演员偶尔也会砸场。因此不要担心没有人喜欢你的幽默，要么视而不见，要么一笑置之，并且不论你做什么，不要扎进“玩笑堆”里，费尽心机去逗乐每一个人——你不必如此。

幽默是人际交往的润滑剂，善于理解幽默的女人，容易喜欢别人；善于表达幽默的女人，容易被他人喜欢。可见，生活中女人们应该有意培养自己的口才，让自己更有魅力。

女人幽默法典

幽默不仅仅在社交中，在生活中一样可以提高你的人气。幽默不是男人的专利，幽默的女人同样是大众的焦点。做一个懂得幽默的女人，在与人接触时，恰当地把幽默运用到你的言语之中，会使你的口才如暗夜中划过的流星，在瞬间的灿烂中让人回味无穷，既照亮了言语本身，也增添了你的魅力，使人印象深刻。

幽默有时胜过伶牙俐齿

幽默具有无穷的力量，有时甚至会超过伶牙俐齿所要表达的效果。一个人的语言可以像优美的歌曲，也可以像伤人的邪火。女人如果将幽默运用得当，那么既能表达自己的意图，又能够给对方带来愉悦。下面是一些生活中的精典幽默，相信女人们在会心一笑之际，一定会有所领悟。

公共汽车上，一位老太太不停地打扰司机，汽车每行一小段，她就会提醒司机她要在哪儿下车。司机一直很有耐心地听，直到她后来厉声喝问："但是，我怎么知道我要下车的地方到了没有？"司机说："你只要看我脸上笑开了，就知道了。"

由于他人的妨碍，无法把工作做好，同时对此人又不能直言冒犯，故而采用委婉的幽默方式以达到目的。

一天，索罗斯敲开邻居家的门："请把你的收录机借给我用一个晚上好吗？"

"怎么，你也喜欢晚间特别节目吗？"

"不，我只想夜里能够安安静静地睡上一觉。"

如果你在处理一些棘手问题时，运用幽默的方式往往是解决冲突的最好办法。

林肯对麦克伦将军没能很好地掌握军机深感不满，于是他写了一封信：

“亲爱的麦克伦：

如果你不想用陆军的话，我想暂时借用一会儿。”

有幽默感并且在事业中功成名就的人，会经常接受到来自他人的幽默，同时也常常以幽默的力量回报对方。因此一个言语犀利出口伤人的上司和一个具有幽默感的上司谁最受欢迎，往往不可而喻。

查理在一家公司工作，他常常在工作时间去理发店。

一天，查理正在理发，碰巧遇见了上司。他想躲，可上司就坐在他的邻座上，而且已经认出了他。

“好啊，查理，你竟然在工作时间来理发，这是违反公司规定的。”

“是的，先生，我是在理发。”他镇定自若地承认，“可是你知道，我的头发是在工作时间长的呀。”

上司一听，勃然大怒：“难道都是在工作时间长的吗?”

“是的，先生，您说得完全正确。”查理答道，“可我并没有把头发全部剃掉呀!”

不论语言的正确与否，单就这充满幽默力量的对答就体现出员工的信心与机智，他相信，与自己的上司开个玩笑是在当时情况下处理尴尬局面的最好方式。

经理叫新聘女秘书笔录一封信给旅行中的太太。当女秘书把信写好给他看时，他发现漏了最后一句“我爱你”。

经理：“你忘了我最后的话。”

女秘书：“不！我没有忘记，我还以为你那句话是对我说的呢!”

及时地为自己的失误幽上一默，既巧妙地掩饰了过失又能拉近你与老板之间的距离，相信这样的诙谐、机智一定会得到老板的赞赏的。

职员："老板！"

老板："什么事！"

职员："我老婆要我来要求你提拔我。"

老板："好吧！我今晚回家问问我老婆是否同意提拔你。"

身为老板，学会运用幽默来传递信息，既避免了直接回绝所带来的尴尬，又能让员工欣然接受，不失为一个好办法。

幽默的能力是属于你自己的，它和口才一样可以后天培养。学会运用你的幽默感去处理生活中的琐事，有时会胜过你伶牙俐齿所要表达的效果。它能使你发挥想象力，从而更加自由地表现自己，表达你的想法，并表露你的感受，让你的生活充满灵性的闪光。

女人幽默法典

生活中，那些言语刻薄，动辄发怒的女人们如果能换一种方式，以幽默的视角来面对生活，那么你的人生将更加精彩。

掌握“趣说自己”的幽默技巧

幽默是一种特殊的情绪表现。它是女人们适应环境的工具，可以让女人们在面临困境时适当地减轻精神和心理压力。幽默有如空气清新剂，能缓解紧张的局面，使交往更融洽和谐。因此，生活中每个女人都应当学会善于运用幽默，只有不断地调适自己与周围环境的关系才能更好地适应现代生活。

女人们怎样才能成为一个幽默的讲话者而使气氛活跃呢？简单地讲，就是说话时不用陈词套话，而要绕个弯子用俗语、谚语、外来语，或用比喻、比拟、反语、双关、移用等方式来表达。

语言学家林语堂就很风趣：“女士们、先生们：我觉得，绅士们的演讲，应该像女人们的裙子，越短越好……”

日常生活中，女人们只有不满足于“惯性表达”，善于说话前先在脑子里打个“弯”，这时说出来的话才能俏皮得多。比如，说一个人思想很保守，不听劝，说“他呀，榆树疙瘩，不开窍”就风趣得多。

幽默是一种“错位”语言艺术，常常运用意外的甚至驴唇不对马嘴的移植或组合，会构成令人捧腹的幽默，因此要突破常规思维，这样才能巧发奇中。平时要多留意以“错位”为特征的幽默言语，但要注意，幽默的俏皮话并非格调低下的哗众取宠，表达时要恰到好处，多用则令人生厌，近于油滑。幽默风趣的目的是“激活”信息输出机制，调剂人际关系，而绝不是不顾场合地挖苦和嘲弄。高明的风趣和幽默益智明理，折射出一个人的美好心灵，它是以不损害别人为前提的。

趣说自己，是把自己看做是幽默对象，风趣地介绍自己的缺点、优点、特有的经历和思想感情等。说自己的缺点是一种自嘲，但这不是自轻自贱，而是一种豁达开朗和返璞归真的人性美的体现。有时趣说自己也是一种高妙的应变技巧。

新中国成立前，上海有位姚明晖教授，体弱清瘦，总是宽袍大袖。入冬畏寒，他头戴大风兜，远看只露出一副眼镜、尖尖的鼻子和一撮山羊胡须，样子很滑稽。一天上课，一进教室就看见黑板上不知谁画了个酷似他本人的猫头鹰。姚教授毫无怒色，拿起粉笔，在旁边写了一行字：“此乃姚明晖教授之尊容也。”

他那大智若愚的通达，闲适自处的超脱，使学生对他产生尊重。许多伟人、名人，在公共场合都曾谈笑风生地趣说过自己。

趣说自己，可以说自己成长过程中的趣事，也可以用诙谐的谈吐介绍自己的性格、脾气、爱好，说说自己的缺点，说说这些给自己带来的好处或值得吸取的教训，还可以说说自己一段有惊无险的经历。

在生活中有的女人往往自我意识很强，片面地追求完美，更不要说在公众场合打趣自己了，其实偶尔地开一下自己的玩笑，会打破你与陌生人之间的界限，让更多的人情味进入到集体氛围中，不但不会让别人看低你，还会给自己增添许多亲和力，从而获得好人缘。

女人幽默法典

“趣说自己”是轻松幽默的一种重要表现形式，它能展示人们化解负面情绪的能力。而且善于趣说自己的人，能广布欢笑，令人如沐春风，神清气爽，困顿全消。在人的精神世界里，幽默实在是一种丰富的养料，幽默的女人处处受人欢迎。

巧用幽默，有效反击

走出家庭的女人们，要想创出一番天下也不是一件容易的事情，有时候会受到别人冷嘲热讽的言语攻击，如果我们也以同样的方式回击对方就可能会使矛盾激化，从而一发不可收拾。如果我们在受到别人的言语攻击时，使用幽默来进行巧妙地应对和隐蔽的反击，就能收到很好的效果。

当然，这并不是一件容易的事情，在接过对方攻击性的话语后，先来个故弄玄虚，然后话锋突然一转，回击对方，这样幽默就带上了戏剧色彩。

一位女作家的一部长篇小说，发表后引起轰动，一时成为最畅销的热门书。有个评论家曾向女作家求婚遭到拒绝，怀恨在心，经常在评论中旁敲侧击地贬低这位女作家的才干。有一次文学界举行聚会，许多人当面向女作家表示祝贺，称赞作品的成功。女作家一一表示感谢。忽然那位评论家分开众人，挤到前面，大声向女作家说道：

“您这部书的确十分精彩，但不知您能否透露一下秘密，这本书究竟是谁替您写的？”

女作家还陶醉在众人的赞扬声中，冷不防他竟会提出这样的问题，就在她一愣的刹那，已有人偷偷发笑了。女作家立即清醒地估量了形势，做问题以外的争吵于自己不利。她马上镇静下来，露出谦和的笑容，对评论家说道：

“您能这样公正恰当地评价我的作品，我感到十分荣幸，并向您表示由衷的感激！但不知您能否告诉我，这本书是谁替您读的呢？”

隐蔽反击的要点一是要隐蔽，二是要对等。隐蔽是指反击不能太直接和裸露。对等就是指如果对方的攻击是侮辱性的，则还击也是侮辱性的，只不过要注意以幽默的方式表达出来；如果对方的攻击是调笑性的，那么还击的语言就要是带有调笑性的幽默。下面是一则发生在主人和客人之间的小幽默：

主人问客人：“在您的咖啡里放几羹匙白糖？”

客人开玩笑地说：“在自己家里时放一羹匙，在别人家里做客时放四羹匙。”

主人忙说：“呵呵！请别客气，您就像在自己家里一样好了。”

客人的幽默无失礼之处，而且还能活跃待客场合的严肃气氛，因而，主人幽默的反击借题发挥，顺势而为，既不落下风，也不带有丝毫恶意。

而有些时候，别人的攻击是刻意而为的恶意攻击，在这种情况下，如果再不以牙还牙，以眼还眼，就会丧失人格。一般说来这时的攻击是应该锋芒毕露了，但是如果你认真思考过了，就会发现我们最终所追求的并不是攻击的锋芒，而是攻击的力度。用幽默的方式做隐蔽的回击，隐藏了锋芒，增加了力度，从而使回击的现场效果更加淋漓尽致。

诗人拜伦在泰晤士河岸散步时，看到一个落水的富翁被一个穷人冒着生命危险救上岸，然而吝啬的富翁只给了这个穷人一个便士作为酬谢。

聚集在岸边围观的人们非常气愤，叫嚷着要把这个忘恩负义的家伙抛到河里去。这时，拜伦阻止他们说："把他放下吧，他值几个钱他自己清楚。"

在隐蔽反击时，要善于抓住对方的一句话、一个比喻、一个结论，然后把它倒过来去针对对方，把他本不想说的荒谬的话、不愿接受的结论用演绎的逻辑硬塞给他，叫他推辞不得，叫苦不迭，无可奈何。

英国作家弗兰西斯·哈伯有一次出游，让他的随从刷一下靴子，但随从没有遵照执行。

第二天哈伯问起，随从说："刷了有什么用，路上都是泥，很快又沾上泥了。"

哈伯吩咐立即出发，随从说："我们还没有吃早饭呢。"

哈伯立即回答："吃了有什么用，很快又饿。"

随从的借口并无恶意，哈伯的反击也无恶意。反戈一击的幽默总是后发制人，“以其人之道，还治其人之身”。就像《圣经》所说，把上帝的还给上帝，把恺撒的还给恺撒。

女人幽默法典

生活中幽默的女人，不仅善解人意，更会“逢凶化吉”。当面对他人的嘲讽或愚弄时，不会大发雷霆，恼羞成怒，而是以幽默的方式回击对方，既得体又不失风趣。

第二章　幽默的女人放下的是负累

生活的压力越来越大，重重围困常让人有种喘不过气来的感觉。在失意、坎坷、困苦降临到我们身上的时候，适时地幽上一默，你的潜意识就会接受你的暗示，传递给你积极的信息，人生也许从此就会峰回路转，柳暗花明。懂幽默的女人也就是肯在心灵上放下负累的女人，女人们要相信：该过去的一切都会过去，该来的总会到来，风雨之后总会有彩虹。也许就在你微微一笑之际，心灵也就此松绑，新的活力与动力重新注入你的生命。艺术家说，有缺憾的就是美的。肯放下一切轻松地直面生活的女人，诠释的就是美。

幽默是一种超越苦恼的力量

人生在世，无论是妻子还是丈夫，老板还是员工，教师还是学生，都需要有一种面对生活、超越苦恼的力量。在不尽如人意的生活中，幽默能帮助你排解愁苦，减轻生活的重负。用幽默的态度对待生活，你就不会总是愤世嫉俗，牢骚满腹，你就能通过幽默的方式学会苦中作乐。现实中那些在逆境中仍能淡然处之的女人多是懂幽默、善用幽默的女人。

从困境中寻找快乐是一种愿望，幽默就能给人这种力量。它可以让女人们学会以微笑来代替苦恼。借着幽默的力量，我们便可以使自己和他人超越痛苦。幽默力量的形成主要在于情感而非理智，它是以愉悦的方式表达自我。它渗透着女人本性中的真诚、大方与善良。

幽默的力量是从女人心内涌出的一种爱的力量，它能使你真心诚意地去体验他人，从他人的立场去考虑问题，同时激励你勇敢地克服困难，拥有积极向上的进取心。

某报社女主编派一位年轻的记者去访问某位名人，需要问及一些尖锐的问题。这位记者坦然承认："我很害怕，我如何开口向这样一个重要人物问这些问题？"

"年轻人，不必担心，"主编温和地说，"只要想象你正和穿着睡衣的他讲话就行了。"

这足以说明幽默对苦恼与困境的巧妙化解。它使女人们能够摆脱紧张心理，轻松自如地与他人相处。

在一个小山村里，有一对残疾夫妇，女人双腿瘫痪，男人双目失明。春夏秋冬：播种、管理、收获……一年四季，女人用眼睛观察世界，男人用双腿丈量生活。时光如水，却始终没有冲刷掉洋溢在他们脸上的幸福。

有人问他们为什么如此幸福时，他们异口同声地反问："我们为什么不幸福呢？"男人笑着说："我双目失明，才能完全拥有我妻子的眼睛！”女人也微笑着说：“我双腿瘫痪，我才完全拥有他的双腿啊！”

多么富有幽默与哲理性的话语。这是幽默，更是一种生活的智慧与超越一切痛苦的爱恋。只不过以幽默的方式表达出来则更加深入人心。假若拥有了这种胸怀与境界，心灵就犹如有了源头的活水，我们就能用心灵的眼睛去发现幸福，发现美。在我们眼中，姹紫嫣红、草长莺飞是美的；大漠孤烟、长河落日也是美的；我们甚至可以用心领会到“留得残荷听雨声”、“菊残犹有傲霜枝”的优美意境。

没有人会因为自己容貌丑陋而骄傲，也不会有人喜欢自己越来越老。有时面对一些无法改变的事实时我们就要拥有一种苦中作乐的从容心态。

有一位销售员，他攒钱攒了好几年，好不容易买了一辆新汽车。有一次，他教太太开车，车下坡时，刹车突然失灵了。

“我停不下来！”他太太大叫，“我该怎么办？”

“祷告吧！亲爱的。”销售员也大叫，“性命要紧，不过你最好找便宜的东西去撞！”

车撞在路旁的一个铸铁垃圾箱上，车头撞坏了。然而他们爬出车子时，并没有为损失了一大笔财产而沮丧，反而为刚才的一段对话大笑起来。目睹的行人以为他们疯了，要么就是百万富翁在以离奇的方式寻找刺激。有人走过来问：“你们想把车子撞坏吗？”销售员说：“我太太看见了一只老鼠，她想把它压死。”

幽默具有一种超越人生苦恼的力量，笑是一种简单而又愉快的运动，幽默产生的时刻，也正是人的情绪处于坦然开放的时刻。只有善于运用这种力量的女人，才能真正获得快乐幸福的人生。学会了苦中作乐，你就窥见了通向身心健康的门径。这是女人豁达性情的体现。在苦恼中适时地幽上一默，放下的是更多的负累，获得的则是更多的淡然与从容。

女人幽默法典

一个女人如果心胸狭小、醉心功利、品质恶劣，那她就绝不会是一个懂幽默的女人。这些女人由于背负了过重的枷锁，根本无法穿越人生的苦恼。唯有真诚、善良的人生态度，追求达观向上的人生境界，才能运用幽默的力量，领会人生的真谛，捕捉人生的快乐与幸福。

在幽默中化解自己的情绪

人际交往中的女人往往具有一种求完美的心态，然而很多事是不以个人的意志为转移的，人与人之间总会有摩擦产生，女人们在遭受误解与嘲笑时，若不能适时地控制自己的情绪，就会造成人际关系的不和谐，给自己的生活和工作都会带来很大影响。处理情绪的方式有很多种，其中以幽默的方式来化解自己的情绪则不失为两全其美的好办法。

女人相对于男人来说更加敏感，在情绪暴发的临界点，学会用幽默来化解自己的情绪，很有必要。现代生活使女人在职场中成了一个不可或缺的角色。有的女人在与他人合作中听不得半点“逆耳之言”，只要别人的言辞稍有不恭，不是大发雷霆就是极力辩解，其实这样做是不明智的。这不仅不会赢得他人的尊重，反而会让人觉得你不易相处。保持虚心、随和、幽默的态度将使你与他人的合作更加愉快。

在一次语言学课堂上，有几个女同学嗑瓜子，“嗑嗑……”之声令人心烦，许多认真听课的同学不好意思阻止，只好眼巴巴地望着正在讲课的老师。突然，老师停下来，扫视了一下教室。大家鸦雀无声，拭目以待，等着老师大动肝火，批评那几个馋嘴的女孩子。可沉寂片刻后，老师却微笑着问：“请问你们班1972年的同学有多少个?”同学们莫名其妙，不知是谁冒出了一句：“有二十多个。”接着他又问：“72年出生是属什么的?”“属耗子。”“哦！是耗子，怪不得嗑瓜子的声音这么响。”话一出口，笑声四起，而那些嗑瓜子的同学不得不知趣地放弃手中的美食，心悦诚服地听老师讲课。

上文的女教师是一个善于控制自己情绪的人。她以幽默的方式心平气和地面对扰乱课堂秩序的学生，体现了她较高的文化素养和大度宽容的胸怀。

事实上，凡是放纵情绪制约行动的人，都是弱者，真正的强者会迫使自己的行动控制其情绪。一个人受了嘲笑或轻蔑，不应该表现得窘态毕露，无地自容。如果对方的嘲笑确有其事，就应该勇敢幽默地承认，这样对你不仅没有损害，反而大有裨益；如果对方只是横加侮辱，盛气凌人，且毫无事实根据，那么这些对你也是毫无损失的，你尽可幽默对待，这样益发显现出你人格的魅力。

乔羽是中国著名的词作家，在他和夫人结婚40周年的纪念日，一群朋友前来庆贺。有位年轻人问“乔老爷”：“一个男人同一个女人在一起，居然能生活40年之久，真是不可思议。”这一提醒，引得众客人纷纷要求他介绍婚姻成功的经验。乔羽有些不知所措，道：“怎么说呢？”年轻人嚷道：“介绍经验，实话实说！”乔羽把玩着酒杯，沉吟了一下，便缓缓地一字一句道来：“如果让我说实话，我只有一个字，叫做——‘忍’！”夫人佘琦不待惊愕的人们回过神，又补充了一句：“我也有四个字的经验，叫做‘一忍再忍’！”

能否很好地控制自己的情绪，首先取决于一个人的气度、涵养、胸怀、毅力，其次就是要掌握一些缓和情绪的方法，而幽默就是其中重要的一种。

女人幽默法典

历史上和现实中气度恢宏、心胸博大的女人都能做到有事断然、无事超然、得意淡然、失意泰然，以一种幽默的心态来面对人生的挫折。正如一位诗人所说：忧伤来了又去了，唯我内心平静常在。

让病痛在幽默中消失

据美国芝加哥《医学生活周报》报道，美国一些医院已经开始雇用“幽默护士”，陪同重病患者看幽默漫画及谈笑，作为心理治疗的方法之一。因为幽默与笑声，往往可协助病人解除疼痛，减轻心理负担。

在实际生活中，当你患病或遭受意外伤害时，幽默的确能帮你减轻痛苦，帮助你改变生病时的烦闷心情。这一点你可以向下面这位生病的老妇人学习。她在幽默的诉说中减轻了自己的痛苦，也宽慰了朋友。

有一位老妇人在雪地上滑了一跤，不但左臂骨折，更让她痛苦的是肩关节脱臼；但她还是笑着对朋友说：“如果你有机会滑跤，宁愿跌断手臂，也要护住你的肩膀。”

的确，疾病对人的打击并不是一件小事，但一个有着超脱、潇洒的生活态度的人却不会因此而失去生活的希望和欢乐。

不幸的张女士病了。医生彻底检查完了之后，十分悲哀地告诉她：“你的健康状况糟透了！您腿里有水，肾里有石……”张女士接口道：“现在您只要说我脑袋里有沙子，那么我明天就可以盖房子了！”

幽默和“笑”是密不可分的。“笑”是幽默的产品，而关于“笑”的功能，外国人说，“快乐的微笑是保持生命健康的唯一药方，它的价值是千百万，但却不要一分钱”。中国人说，“笑一笑，十年少”，“笑口常开，百病不来”。

有这样一个故事。

传说我国清朝有位八府巡按，长期患精神忧郁症，看了许多医生，都未见效。一天他因公坐船经过山东台儿庄，忽然犯了病，地方官员推荐了一名当地有名的老医生为他治病，医生诊脉后说：“你患了月经不调症。”巡按一听，顿时大笑，认为他是老糊涂了。以后他每想起此事，就要大笑一阵，天长日久，他的病竟自己好了。过了几年，巡按又经过台儿庄，想起那次有病之事，特意来找老医生，想取笑一番，老医生说：“你患的是精神忧郁症，无什么良药可治，只有心情愉快，才能恢复健康，我是故意说你患了‘月经不调症’，让你经常发笑。”

最新的医学研究发现，笑口常开可以防治传染病、头痛、高血压及过度的压力，因为幽默的笑声，可以增加血中的氧分，并刺激体内的内分泌，对阻止病菌的侵袭大有帮助。而不笑的人，患病概率较高，并且一旦生病之后，也常是重病。

美国作家卡森斯曾担任《星期六评论》杂志的编辑。他日夜操劳，患了一种严重的病——结核体系并发症，身体虚弱，行动不便，痛苦万状。虽多方求医，但收效甚微，不少名医诊断为不治之症。

后来，卡森斯听从了一位朋友的劝告，在除了必要的药物治疗外，决定采用一种奇特的幽默疗法。他搬离了医院，住进一家充满欢乐气氛的旅馆，常常看一些幽默风趣的喜剧片，和朋友们进行幽默的交谈，听人讲一些幽默故事，使自己整天处于一种轻松欢快、无忧无虑的状态，每天都出声笑上好一阵子。卡森斯发现，一部10分钟的喜剧片可以带给他两小时无痛苦的睡眠，他还惊喜地发现，笑可以减轻发炎，而且这种“疗效”可持续很久。与此同时，他还辅以适当的营养疗法。几个月后，奇迹出现了，卡森斯居然恢复了健康。

卡森斯总结自己战胜病魔的经验，开出一张“幽默处方”，并风趣地取名“卡森斯处方”。其中有这样一些内容：

“请认清每个人都有内在的康复功能。充实内在的康复能力。利用笑制造一种气氛，激发自己和周围其他人的积极情绪。发展感受、爱、希望和信心，并培养强烈的生存意志。”

这一处方的核心是以笑来激发生活的力量、生存的意志、康复的能力，进而增强精力，战胜疾病。

莫蒂医生也在他写的《笑：幽默的治疗能力》一书中指出：临床实践表明，笑具有治疗的效力。医生将笑传给病人，就增加了病人的生活能力。

有些科学家的研究还表明，欢乐和笑能刺激脑部产生一种使人兴奋的荷尔蒙。它一方面能促使身体增加抵御疾病的能力，另一方面还能刺激人体分泌一种名叫“因多芬”的物质，这是人体自然的镇静剂。这样，关节炎、某些创伤所引起的痛苦，都会因此而有所减轻。

幽默能减轻人的痛苦，这不是今人的新发现。清代的《祛病歌》就是“快乐祛病法”的有效证明。

生活经验和科学研究都证明，身体健康的重要保证是“心乐”。

有健康的心理，才会有健康的身体。幽默常在，精神开朗，身体就容易康复；反之，如果忧愁悲伤，委靡不振，疾病就会乘虚而入。

女人幽默法典

常怀一颗幽默之心的女人，自然会是一个心态积极心理健康的女人，心身的交互作用也昭示着她必将有一个足够强韧的身体防御机制和相对健康的身体。

幽默面对工作中的困难

在当今竞争异常激烈的社会，工作压力已经成为上班族的主要压力，有人将一些中等收入终日奔波的年轻人称为“穷忙族”。在“穷忙”的滚滚洪流之中，如何让自己“忙”得有质有量，忙得挥洒自如，将最终决定女人社会角色的适应性和职业拓展能力。因此，为了提高工作效率，使自己工作轻松一些，可以采取自我调节的方法来缓解一下工作压力。

幽默作为自我调节方法中重要的一种，它能帮助我们消除因工作压力而带来的紧张感以及挫败感。

无论是在人事变动时被派到分公司，还是转任较低职位的工作，都无须气馁颓丧。因为世事变化无常，就算被分至分公司，也要把它当作培养实力的大好机会。

某公司的女职员被外调至分公司服务。决定人事变动的经理以安慰的口吻对她说：

“喂！你也用不着太气馁，不久以后，我们还是会把你调回总公司来的！”

而被调的职员却以第三者旁观的口气，毫不在乎地说道：“哪里？我才不会气馁呢！我只不过觉得像董事长退休时的心情而已。”

这才是一个能做精神上深呼吸的人，面对外调，她不气馁，并懂得以幽默来调节自己，让自己以良好的心态投入到新的工作中去。

在工作中，面对自己的成就不能骄傲自夸，这会拉开你和别人的距离，使自己站在了所有人的对立面，这时不妨运用幽默，自我调侃一下。

上司与下属的关系，也可以利用幽默来协调。作为一个女下属，在把握好分寸的同时，偶尔一个得体的玩笑，既增加你的亲和力又博得上司的尊重与好感。

事实上，让老板笑口常开不仅仅是找到工作之后的事情，在求职的过程中，你也可以利用幽默来递近与老板之间的距离。

一个女孩儿在外面找工作，她来到麦当劳。老板问她会做什么，她说我什么都不会，不过我会唱歌。

老板说你就唱一首试试，于是她就开始唱了：“更多选择更多欢笑就在麦当劳！”

老板一听就乐了，接着问了她一些对麦当劳有什么了解之类的问题，最后，她被顺利录用了。

上面的例子中，求职者在面试中借助了幽默的力量，她首先就以唱歌的方式说出了麦当劳的广告语，表明了自己对麦当劳的重视和了解。在博得老板一笑的同时，也获得了对方的好感。

利用幽默的语言来缓解工作压力，会比一些抽象的理论更奏效。有时候，一个职员要负责的工作种类很多，头绪纷杂，很容易因工作压力过大而产生烦躁情绪。这时候她们尤其需要幽默的帮助。

小丽是一家大公司的总经理助理。她得应付访客、电话、同事和老板。空闲的时候，还必须打字。小丽在繁杂的工作中需要幽默，拥有它，并运用它。有时，某些自以为是的人来电话，还会给她出难题。

他们会在电话中说："我要和你的老板说话。"

"我可以告诉他是谁来的电话吗？"小丽问。

"快给我接你的老板。"来电话的人坚持，"我现在马上要和他说话。"

"很抱歉。"小丽温婉地说，"他花钱雇我来接电话，似乎很傻。因为十个电话中有九个是找他的。"

来电话的那个人笑了，然后把他的名字和电话号码告诉了小丽。

小丽巧用幽默，恰当地为自己解决了工作难题。由此可见，无论是在你工作变动、求职、与上司相处还是在具体的工作情境中，幽默都是一种不可或缺的力量，它不仅能迅速拉近你与对方的距离，同时也打开了你内心深处绷紧的弦，有力地缓冲了来自工作中的负面压力，女性朋友在工作中一定要学会利用幽默的力量。

女人幽默法典

女人们还应该注意，面对工作成就，以幽默的方式表达出来的谦虚应该是一种发自内心的、真诚的表达。无论如何，能以幽默的方式面对工作中的困难，会给自己和他人制造一种轻松的工作氛围，使大家都能够愉快地工作。

让幽默增强婚姻的活力

台湾著名作家戴志晨先生说：“婚姻是人世间‘老化’最快的一种关系。结婚后，新郎、新娘都在一夕之间，变成老公、老婆。”而实际上，老化了的不是婚姻本身，也不是新郎、新娘自身，而是他们之间的爱情。

针对爱情的老化问题，戴志晨先生开的处方是“幽默”，他说：“懂得夫妻幽默之道的人，可以防止婚姻老化，使双方永远做英俊、漂亮的新郎和新娘。”

性是夫妻关系建立的一个前提条件。无论是做妻子的，还是当丈夫的，都不会忘掉新婚之夜那愉快的一刻。而随着工作压力的增加，有些人可能对性生活表现得力不从心。而对夫妻来说谈性是公开的，彼此之间不需要拐弯抹角，这是现代人普遍认同的观点，而“素”中带“荤”的幽默术，能为你的夫妻生活增添活力。

一位公车司机工作十分勤奋，每天都早出晚归。一日，当他满身疲惫地回家时，发现妻子留下了一张纸条：

“每天那么晚才回来，真受不了！食品和啤酒放在冰箱里，我的身体和爱情在被窝里。”

——你的妻子

此故事中，妻子把食品、啤酒、身体和爱情并列在一起，幽默地暗示丈夫吃食品和喝啤酒时，不要忘记了妻子需要丈夫的爱。此时，那位丈夫能不感受到家的温馨吗？能不感受到妻子那深深的爱吗？当你觉得爱情生活变得日益平淡的时候，你可以用幽默来打破这种死气沉沉的平静。

丈夫：“你出去时，可别带那只怪模怪样的花狗去。”

妻子：“我觉得那条花狗很可爱。”

丈夫：“你一定要带它，是想以它作对比，显示出你的美貌吧？”

妻子：“你真糊涂，如果想那样，我还不如带你出去更好！”

有的夫妻很懂得怎样保护自己的幸福，保持爱情的活力。他们以幽默来代替粗鲁无礼的语言，解决日常生活中的分歧。虽然他们也相互挑剔，也会产生纷争，但是经过由幽默产生的情感冲击后，一切纷争都显得微不足道了，经历了冲击后的爱情生活反而显得更加活跃。

有对夫妻是大学里的同学，结婚后经常吵架。两个人都感到忍无可忍了，在一次争吵的高潮中，女的说：“天哪，这哪像个家！我再也不能在这样的家里待下去了！”说完，她就拎起自己放衣服的皮箱，夺门冲了出去。

她刚出门，男的也叫起来：“等等我，咱们一起走！天哪，这样的家有谁能待下去呢!”男的也拎上自己的皮箱，赶上妻子，并把她手中的皮箱接过来。

如果没有根本性的、重大的分歧，幽默将使家庭生活始终处于最佳状态。应该相信这一点，无论何种情况下，一对善于以幽默来润滑生活的夫妇，他们获得的幸福比任何家庭都多。请看这位妻子是如何运用幽默让丈夫去做家务的。

妻子:“亲爱的，你能把昨天晚上换下来的衣服洗一下吗?”

丈夫:“不，我还没睡醒呢!”

妻子:“我只不过是考验你一下，其实衣服都已经洗好了。”

丈夫:“我也只是和你开玩笑，其实我很愿意帮你洗衣服的。”

妻子:“我也只是玩笑，既然你愿意，那就请你快去洗吧!”

丈夫此时一定会为妻子的慧黠所折服，从而心甘情愿地去做家务。幽默可以给平淡的生活增添乐趣和笑声，从而激发和唤醒夫妻双方的爱情。有时候幽默的力量使用得十分温和，我们可能会觉察不到它。但是它的确使爱人的心情充满愉快，这无疑有助于夫妻双方情感的升华。

女人幽默法典

幽默的女人内心是平静的，善于从生活的细微处撷取快乐，无论是在幽默中散溢幸福还是在幸福中妙语连珠的女人无疑都是有智慧的女人，懂生活的女人。

为自己的失败幽上一默

没有谁的生活总是一帆风顺的，在遭遇失败时与其愁眉苦脸、自暴自弃，不如以幽默的方式来对待，这样既缓解了自己的压力，释放了自身的苦闷，有时还能起到峰回路转的效果。具体说来，用幽默对待自己的失败主要有以下几种方式。

1. 嘲笑自己的缺点

一个人如果有了缺点或缺陷，这本不是件好事。但如果能够勇于自我暴露问题，揭露自己的缺点，明示自己的缺陷，便能显示一个人的坦诚和责任感。这样做往往被视为可靠和勇敢，也会使自己显得豁达和自信，从而淡化缺点或缺陷。

自嘲诡辩术，是利用人们的上述心理因素，当自己陷入窘境时，自我超脱，采取自嘲自讽、自贬自抑的方法，嘲笑自己的缺点，嘲弄自己的缺陷，贬低自己的优点，以此作为摆脱窘境的良方。

苏联前领导人戈尔巴乔夫最爱讲一个关于他本人的笑话，用来自嘲他自己改革前对苏联经济所作出的努力。

他在一次俄罗斯联邦大会上对记者说：“有一个总统拥有一百个情妇，其中一个染有艾滋病，但很不幸，他分不出是哪一个；另一位总统有一百个保镖，其中一个是恐怖分子，但很不幸，他不知是哪一个。”

然后戈尔巴乔夫环视了一下周围的记者自我嘲笑说："而戈尔巴乔夫有一百名经济专家，其中有一个是聪明的，但很不幸，他不晓得是哪一个。"

戈尔巴乔夫想用经济改革的成就来挽救他政治体制改革的失败，经过一系列的努力，仍无济于事。他在这里的自我嘲弄，实际上是承认了自己对经济改革的无能。

2. 用幽默的方法排解失意

史蒂文森是美国20世纪50年代的一位政治家，他曾与艾森豪威尔两次竞选总统，两次都败在艾森豪威尔的手下。但史蒂文森始终保持幽默的作风与风格，即使在最失意的时候，他也不忘记幽默。因而，他虽然是两度竞选失败，没有登上总统的宝座，但仍然取得了很大的成功。

当史蒂文森第一次荣获提名竞选美国总统时，他内心异常激动，自己打趣道："我想，得意扬扬不会伤害任何人，也就是说，只要人不吸入这空气的话。"

当他竞选总统失败时，他仍以充满幽默的口吻，在门口欢迎记者进来，并风趣地说："进来吧，来给烤面包，验验尸。"

后来，有人邀请史蒂文森去演讲。他在去演讲的途中遇到阅兵的队列而使汽车受阻，因而耽误了时间，到达会场时已迟到。面对耐心等待他到来的人群，他当即表示歉意，并解释说，"军队英雄老是挡我的路。"

听众们知道，史蒂文森两次竞选的对手，都是艾森豪威尔将军这位"军队英雄"。因而史蒂文森所说的这句话，让听众心领神会，捧腹大笑。

其实，无论是谁，在前进的道路上总会碰到这样那样的困难和障碍，或是工作上的失意，或是家庭的困难，或是心理的不适。只要你面对挫折，用幽默的方法排解失意，你就能激励自己战胜困难，增加勇气和信心。

3. 将错就错，灵活发挥

一次智力竞赛抢答，主持人问："三纲五常的'三纲'，指的是什么？"一名女学生抢答道："臣为君纲，子为父纲，妻为夫纲。"

她的回答，正好把三者的关系颠倒了，引起哄堂大笑。女学生灵机一动，立即补充道："笑什么？我说的是新'三纲'。"

主持人疑惑地问道："怎样解释？"

女学生不慌不忙地说："现在，我国人民当家做主，是主人。而领导者，不管官有多大，都是人民公仆，岂不是臣为君纲吗？当前，国家实行计划生育，一对夫妻只生一个孩子，这孩子成了父母的小皇帝，岂不是子为父纲吗？许多家庭中，妻子的权力远远超过丈夫，'妻管严'、'模范丈夫'到处流行，岂不是妻为夫纲吗？"

好一个新"三纲"！话音未落，同学们都为这位女同学随机应变的能力而鼓掌喝彩。

在日常言谈中，有时难免说错了话。上述这位女学生在抢答时，把"三纲"三个句子的主次关系弄颠倒了。但她思维敏捷，灵机一动，干脆将错就错，根据新的历史时期人们社会关系的变化，临时对"三纲"作了一个全新的却又符合逻辑的解释。这充分显示了这位女学生机敏的论辩口才。

（4）偷换概念巧解嘲

1972年，美国总统尼克松访华时登长城，因腿病只上了三个台阶就无力再登了。

这时偏偏有位记者走过来，想“将”他一“军”：“总统先生，您何不登上最高峰？”

尼克松笑了笑说：“昨天我与毛泽东的会见已经是最高峰了，何必再来一次高峰呢？”

那位记者的问话是够刁钻的，让人猝不及防。可尼克松首先抓住了其诘难的关键词——“最高峰”，然后突破“长城最高峰”的本义局限，临时赋予其“最高领导人的会晤是出访的最高峰”的新义，一下子把举步维艰的局面摆脱了。

总之，你的幽默传递的是你乐观向上的积极品质，女人若学会用幽默对待失败既排除了他人因你的失败而给你带来的消极评价，也给予自身一个积极的暗示，以便今后重整旗鼓重新再来。

女人幽默法典

以幽默来对待自己的失败，一定要幽到好处，不能过分贬损自己，也不能过火地取笑他人，任何攻击性言语都是不好的，即使你用幽默的方式表达也会导致他人对你的负面评价，所以说把握好其中的分寸很重要。

第三章　幽默的女人带来的是快乐

《圣经》上有这么一句格言："人们有着一颗快乐的心好比怀藏着一只药囊，可以治疗心理上的百病。"幽默可以改变我们灰暗、消沉的心境，帮助我们找回自信和激情，使我们的精神爽朗、心情舒畅，使我们的生活充满温暖的阳光。活着是一种心情，一丝体验，一些感悟。懂幽默的女人有着热爱生活的心灵，发现美的眼神。她们无论身在哪一种场合都能融洽集体氛围。她们自身携带着一种灵气，并感染着身边的每一个人。

做个笑口常开的快乐女人

你可能早就发现了，心情不好时，看部喜剧电影大笑一场，沮丧的心情就会平复许多。我国民间有句俗语"笑一笑，十年少"，一个人如果能笑口常开，那么你的情绪、你的健康一定会变得更好。

人是精神和肉体的统一体，身心之间有明显的相互作用。因此一个人情绪的好坏就会直接影响他的工作、生活和身体健康。从医学上来看，笑是心理和生理健康的反映，是精神愉快的表现。笑能消除神经和精神的紧张，使大脑皮质得到休息，使肌肉放松。特别是在一天的紧张工作之后，说个笑话，听段相声，大脑皮质出现愉快的兴奋，有利于消除疲劳，放松情绪。

欢笑还是一种特殊的健身运动。人一笑便引起面部的表情肌和胸腹部肌肉运动。“捧腹大笑”时连四肢的肌肉也一起运动，从而加快了血液循环，促进全身新陈代谢，提高抗病的能力。

笑对呼吸系统有良好的保健作用，随着朗朗笑声，胸脯起伏，肺叶扩张，呼吸肌肉也跟着活动，好比一套欢笑呼吸操。同时，哈哈大笑还能产生“出汗、泪涌和涕零”之效果，起到促进汗液分泌，清除呼吸道和泪腺分泌物的作用。笑是一种最有效的消化剂，愉快的心情能增加消化液的分泌，欢声笑语可促进消化道的活动，使人食欲大增。

笑还具有祛病保健、抗老延年的功效。伟大的生理学家巴甫洛夫认为：“愉快可以使你对生命的每一跳动，对生活的每一印象易于感受，不管躯体和精神上的愉快都是如此，可以使身体发展，身体强健。”而美国出版的《笑有益于血液——幽默的医疗作用》一书中列举了笑能治疗多种疾病的科学道理，指出：笑能缓解颈部肌肉的紧张度，所以对头痛病特别有效。比如著名化学家法拉第因用脑过度，年老时经常头痛，他受“乐以治病”的启发经常去看喜剧，每次都捧腹大笑，最终头痛病竟不治自愈。

多项研究证明，每天微笑可延长寿命多达7年。《笑是治病的良药》一书的作者、美国当代著名作家和评论家诺曼·卡曾斯用笑治愈自身病痛的事例推动了心理神经免疫学的建立，这是一门研究心理对健康的影响的科学。一系列有关微笑和幽默具有治疗疾病功能的理论在此基础上诞生。

卡曾斯说：“当我的顾客与子女关系不好或者陷入深深的自我怀疑状态之时，我就会建议他们以幽默的方式处理问题。幽默是我们所有人都具备却没有充分利用的武器。人们笑得越多，抗抑郁药就卖得越少，离婚率和自杀率也会相应减少。”

我们既然可以令人笑，也就可以让人哭，这就是为什么幽默具有治疗功能的原因之一，因为人只有在感觉安全时才会释放自己的真实情感。

笑能够帮助我们度过黑夜和困难的日子。女人们应该注意观察生活中的某些时刻，发现其中令自己开心的因素。有时候找到可笑的事情和人物绝对是一项挑战，也许有人会觉得这很荒谬，但幽默不被人理解是经常有的事情。

另一方面，生活并不会轻易提供让我们快乐的理由，这时候就需要我们努力花时间主动去寻找让自己开心的事情。寻找微笑将有助于减少抑郁心态，放松心情并至少暂时远离生活的烦恼。

卡曾斯得了一种在目前医学上难以治疗的疾病，他也是在一次因为看喜剧片大笑镇痛的实践下，自己拟订了“看喜剧影片——笑——吃饭——睡觉——笑”的“治疗”方案，经过一段“治疗”病情大有好转，10 年后他已是个完全健康的人。我国评剧名演员新凤霞在谈起情绪与疾病和健康的关系时，深有体会地告诫人们“不生气”是保健的秘诀。

大笑虽然未必能让你“十年少”，但却可以舒缓你的情绪，给你精神上的放松和愉悦。当你感到情绪不佳时，不妨多找些可笑的电影看看，或听听相声，让自己的不愉快在笑声中得到释放。

女人幽默法典

经常爱笑的女人一定是性格开朗懂得知足的女人。因为一个女人只有心里踏实了她才能发自内心地微笑，而无畏而爽朗的笑声又使女人的胸怀更加开阔。

用幽默滋润自己的生活

幽默能滋润女人的生活，让女人拥有开朗乐观的心境，那是一种对生活的返璞归真，女人自身也会因为天然的幽默感和举重若轻的生存态度而变得更加赋有魅力。

幽默的女人从心里涌动着快乐。她们即使一个人时也能自我欣赏、自得其乐。她们最喜欢的歌唱方式是没有伴奏的轻唱，所以常常在晚上回来后哼着歌给自己做一顿可口的饭菜。闲来在纸上涂鸦，给自己弄个妖艳的自画像，或者在镜子旁贴一张画有鬼脸的彩纸，上书：每天对自己微笑十次，违者学小狗叫。兴之所至，她们会趴到窗前和叽喳叫着的小鸟说上几句话，偶尔倚在床上读上一本耐人寻味的书，感受着双脚与床单细微的触感，温凉的晚风拂过纸页送来的似有若无的墨香，累了，头转向窗外，不知什么时候已经繁星满天了，长长地伸个懒腰，歪着头吐下舌头，对自己轻轻地说："哇，好快，又是一天过去啦！"

幽默的女人也更容易体会集体生活的乐趣，她们常是集体友谊的黏合剂。记得某集体宿舍有一项特别的规定，每位成员于清晨上班之前都要以歌舞的形式表演一段儿歌：《我真的很不错！》，然后敬礼，转身迈入新的生活。

幽默的女人在爱人眼里是个懂得生活情趣的人。其实也不是非要女人故作姿态地讲几句笑话，你只要善于发现生活中许多有趣的细节，讲给你的爱人听，这个时候你就是最可爱的人。你的幽默感也能够激发你们共同生活的创造力，从而使你们的爱情充满生机。

蔡澜说，女人的幽默感不仅来自会讲笑话，更是在男人讲笑话时能笑得出来。也就是说女人的幽默感不仅仅体现在女人本身，还来自于对他人幽默的感受能力。

现代女性受过良好教育，努力工作，不断提升各方面的修养，试图接近海市蜃楼般的完美，却日益缺乏幽默感。因为传统思想的影响，人们认为女孩子应该是温柔含蓄的，应该是沉默寡言的，至少在男人面前，话不能多，更不能总是讲笑话，万万不能笑得花枝乱颤。所以，很多的传统女性都是矜持的、温柔的，小鸟依人般地陪在男人身旁，默默地听着他讲笑话，捂着嘴别扭地绷着已经"奏"出最高音的笑神经。每个人都有忍俊不禁的时候，每每开怀大笑之时，如果少了女人银铃般的笑声，少了女人编贝般洁白的牙齿，生活就少了一分明朗的色彩。所以现代女性应该走出自我设置的樊笼，学会用幽默来点缀自己的生活，滋润自己的生命。

女人幽默法典

无论是个人独处还是在集体生活中甚或在自己的爱人面前。有幽默感的女人都会让幽默如同欢快的音符跳跃在自己的生活当中，懂幽默的女人也是懂生活的女人。

幽默使女人更受欢迎

幽默是人际交往中的吸铁石，可以将周围的人吸引到你身边来。幽默也是转换器，可以将痛苦转化为欢乐，将烦闷转化为欢畅，每个人都喜欢与机智幽默的人做朋友，而不情愿与忧郁沉闷、呆板木讷的人交往。一个女人如果具有了幽默特质，走到哪里都受欢迎。

生活中有些不懂幽默的女人往往自我保护意识很强，她们特立独行，谨记祸从口出的原则，凡事不肯多讲话，她们个人的生活圈子往往比较狭窄。

俗话说：在家靠父母，出门靠朋友。能够多交一些朋友，常与朋友交谈、聊天，就会心胸开阔，信息灵通，心情开朗；也能取人之长，补己之短。遇到烦恼的事情，朋友可以安慰你；遇到什么难题，朋友可以帮你出主意；有什么苦衷，也可以向朋友倾诉一番；遇到什么喜事和高兴的事，可以和朋友分享快乐。这样女人才能拥有开朗的性格，才能成为一个具有幽默感的女人。

幽默可以说是一种优美的、健康的品质，能使人们平淡的生活充满情趣，是生活的润滑剂和开心果。可以说，哪里有幽默，哪里就有活跃的气氛；哪里有幽默，哪里就有笑声和成功的喜悦。女人如果学会了幽默的处世之道，走到哪里都将带出放松、融合、快乐的氛围。

在拥挤的公交车上，即使身体互相挤压，人们之间一般也无话可说。可是有这么一个女孩突然就耐不住寂寞了，她说道："喂，各位，大家都吸一口气，缩小些体积，我挤得受不了啦，快成照片了！"大家就一起笑起来。

陌生人之间都变得亲近起来，交流便由此开始了。

要找到志同道合的朋友并不是一件容易的事情。交友难，其实难就难在交友的方法上，幽默交友不失为一种有效的方法。陌生的朋友见面，如果幽默一点，气氛将变得活跃，交流会更顺畅。

有一位叫阿芳的姑娘，虽然没有出众的容貌和迷人的身材，但为人性情开朗、正直、幽默，许多人一旦和她交往几次，往往就被她的幽默所吸引，不知不觉地感受到她的魅力。

有一次，阿芳参加同学聚会，和同学们回忆着大学时代的美好生活。不料主人在招呼客人时，一不小心将一盆水打翻，全洒在了阿芳的脚上，把她那双新皮鞋泼湿了。主人不知所措，显得十分尴尬。阿芳却不慌不忙地说：

"一般人正常情况是洗脚之前先脱鞋。"

一句话，使满屋的人都笑了起来，难堪的气氛也一扫而空，大家更加佩服阿芳姑娘。

无论男人还是女人都有一种愿望，那就是被关注与被爱。女人由于社交范围相对狭窄，因此对这方面的要求就会强烈一些。如果我们能像阿芳一样能够细心地照顾到他人的感受，学会用幽默来处理生活中尴尬的情节那么即使陌生人也会乐意成为我们的朋友。

两辆轿车在狭窄的小巷中相遇。车停了下来，两位司机谁也不准备给对方让道。

对峙了一会儿，其中一个拿出一本厚厚的小说看了起来，另一位开车的女士见了，探出头来高声喊道："喂，大哥，看完后借我看看啊!"

看书的司机哈哈大笑，主动倒车让路。这位女士则在车开过了小巷之后主动与看书的司机交换了名片，并真的向他借书看。

两人的家离的本就不远，后来两人就真的成了朋友。

上面故事中向人借书看的那位女士真是将幽默的交友艺术发挥到了极致，因为本来用已幽默的话语将矛盾的热度降低到零点，把车开出小巷之后就已经达到了目的，她却没有就此停止，而是通过进一步的幽默将两人发展成朋友关系。所以，当我们与陌生人发生冲突的时候，如果能幽默一点，大度一点，矛盾应该可以化解，敌意也能变成友谊。

朋友间的幽默，方式很多，只要“幽”得开心，“默”得可乐就可以了。

女人如果掌握了幽默的交友技巧，朋友就会遍布天下，陌生人会变成新朋友，更多的新朋友将变成老朋友。

幽默是一种机智，是生活的调味品，是人际关系的润滑剂和成熟的表现，它具有穿透力，能给人们带来轻松的笑声和欢乐，消减矛盾和冲突，缩短人与人之间陌生的距离，使你成为一个更受欢迎的女人。

女人幽默法典

一个女人受欢迎的特质有很多，比如容貌、才气、知识品位等。而幽默则能使女人敞开心扉，拥有乐观的心态，将快乐带给身边的每一个人，从而广受欢迎。

幽默是构成女人活力的重要因素

一个具有较强幽默感的人，除了多方面的能力外，表现出来的还有充沛的活力和坚忍的意志。而一个具有丰富幽默感的女人，也是充满活力的。这些活力常常表现在生活的各个领域。

一位刚刚学会骑自行车的小伙子，骑车时见前边有个过马路的人，连声喊道：“别动！别动！”

妇人站住了，但还是被他撞倒了。

小伙子扶起这个不幸的妇人，连连道歉。妇人却幽默地说：“原来你刚才叫着‘别动，别动’是为了瞄准我呀！”

在上述幽默中掩藏着妇人的宽容与友善，并很快将小伙子从撞到人的窘境和恐慌中解脱出来。活化出了妇人性情中光辉而充满活力的一面。

在生活中，幽默也往往与女人们积极向上的人生态度联系在一起，一个幽默的女人往往是一个有活力的女人，而一个有活力的女人往往善于使用幽默。她们的活力也常常在灵气与智慧中体现出来。

公园里有一家餐馆，常常在楼前树荫下撑出几把沙滩伞，清幽的环境吸引了众多的顾客。一天，某球队的几名球员来到这里用餐，席间觥筹交错，敬酒喧哗，打破了公园的静谧。服务小姐几次想加以劝阻，却又怕得罪了客人，只得作罢。忽然一阵秋风刮起，将一片落叶吹到了菜盘里。一位球员想为难服务小姐，便说："小姐，这算一道什么菜?"服务小姐笑了笑，答道："这是一张黄牌。"

服务小姐一语双关，幽默风趣又不失礼貌。出示黄牌是球场上对违规球员的一种警告，如再不改，等到第二张黄牌出现时，裁判就得请你"走人"了，所以球员非常忌讳的就是"吃黄牌"；但是服务小姐不是裁判，便不能给顾客"出示黄牌"。而顾客的行为与周围的环境又实在太不协调了，于是服务小姐幽默地将一片落叶比作让球员"闻之色变"的黄牌，既达到了提醒对方的目的，又不至于引起对方的反感。服务小姐由秋天的黄叶引发联想以借喻的形式巧妙地表达了自己的意图，在她聪慧、活力四射的外表下也掩藏着一颗热爱生活的、诗意的心灵。

幽默的女人往往也是一个有创造力的女人。所谓创造力并不是指单纯地创造某件实体或某种规则。只有缺乏把握的人，才会用规划和条例来确定自己的方向，把自己当作一块橡皮或一枚回形针，以最有条理的方式存放在办公桌上。而真正的创造力应当属于在对某个问题尚未确立方案或答案之前，那是一个广阔的空间，你可以这样想，也可以那样想。所以它存在于开拓性的思维过程中。

有人要求爱因斯坦解释他的相对论。当时，相对论还鲜为人知，爱因斯坦很为人们的漠视而苦恼。于是他这么回答：

“如果你和漂亮的女孩子在一起坐了一个小时，感觉上好像才过了一分钟；如果你坐在热炉子旁边一分钟，就好像过了一个多小时，那么，这就是相对论！”

没有解释艰深的理论，没有诉说创造过程中的种种困难，他只是以极通俗的话来表述他的伟大发现。这句话本身就创造了一个让人们对相对论产生兴趣的契机。从这个意义上说，幽默是构成女人活力的重要部分，也是产生创造力的源泉之一。

女人幽默法典

现实生活常常因为它的枯燥、呆板、重复而让人感到乏味。对于许多女人来说，每天上下班、接送孩子、买菜做饭，生活这样一天天重复着过下去，似乎不会再有什么新内容。而一个有着充分幽默感的女人却把每一天都当做是新的一天、唯一的一天，她们目光明亮，步伐坚定地穿梭在人群之中，和这样的女人走在一起，会让你觉得活力四射，几万里长空碧现。

让尴尬在幽默中消失

正所谓“马有漏蹄，人有失言”。失言，是容易被人谅解的，因为有很多是出于无意的。在日常交谈中，有些人难免说错话，出现纰漏而使自己陷入窘境。

有一位女士在一次会议上和另一位女士谈话，为了使谈话活泼轻松，于是很随意地说道：“看那一位穿圆点花衣服的男人，看到他我就反胃！”

没想到对方这样说：“那是我的先生。”

可想而知，当时这位女士听到这话时的处境是多么无地自容。

这也难怪，这样的窘境总是特别地难以补救，但并不是所有的困境都是这样。常常有这种女人，她们在面对生活中一些尴尬情境时，仅仅一句轻松幽默的笑谈便化尴尬于无形，让人叹赏、钦佩。

其实人际交往是充满奥妙的。女人们如果在平时生活中对自己和他人多一分细心，就会发现幽默有时就是一种灵气，它来自于生活又超越于生活，是人性中一种智慧的体现。

我们在生活中还有可能要去面对不合理的要求、令人不快的行为，或者闹得不像话的场面。这时女人们该如何面对呢？下面举一些现实的例子，供女人们在社交场合借鉴。

当百货公司大拍卖，购货的人又推又挤的时候，每个人的脾气都犹如枪弹上膛，一触即发。一位女士愤愤地对结账小姐说：“幸好我没打算在你们这儿找‘礼貌’，在这儿根本找不到。”结账小姐沉默了一会儿，说：“你可不可以让我看看你的样品？”那位女士愣了片刻，笑了。

有位女士想平息餐桌上的争论，便提出了一个十分意外的问题：“诸位，刚才是一道什么菜？大概是鸡！”

“是的。”一位客人回答。“一定是公鸡！”这位女士一本正经地说，“原来是鸡在作祟，难怪大家要斗起来。”说完她举起酒杯：“来点灭火剂吧，诸位！”一场餐桌上的舌战顷刻间平息了。

作家欧希金也曾以幽默摆脱了一个困境。他在他的《夫人》一书中，写到了美容产品大王卢宾丝坦女士。后来在一次他自己举行的家宴中，一位客人不断地批评他，说他不应该写这种女人，因为她的祖先烧死了圣女贞德。其他客人都觉得很窘，几度想改变话题，但是都没有成功。谈话越来越令人受不了，最后欧希金自己说：“好吧，那件事总得有个人来做，现在你差不多也要把我烧死。”这句话马上使他从窘境中脱身出来，随后他又加上一句妙语：“作家都是他的人物的奴隶，真是罪该万死！”

女人们，也许你在读过之后将会心一笑，那么会不会还得到一丝感悟呢？努力地求知，多角度地观察生活，让你的智慧在幽默中表达出来，化尴尬于无形，那么你将成为一个受欢迎的女人。

女人幽默法典

在与别人交往的过程中，难免会遇到一些尴尬的场合，如果在这种情况下，你能从容地开个玩笑，令人紧张的气氛就会消逝于无形。

把生活变成快乐的海洋

女人应该学会表现原原本本的自我，坦诚地与他人相处。因为自己的缺点、背景以及过去和现在所处的环境，无论是好是坏，试图掩饰逃避是无济于事的。只有真诚地敞开心扉，并且乐观幽默地主动与他人交流，才能创造良好的沟通基础，将生活变成快乐的海洋。

在职场中，或在某些私人聚会的场合，我们常常喜欢与那些有幽默感的女人在一起，她们精力充沛、性格爽朗、敢爱敢恨，具有很强的感染力、号召力。她们的幽默感点燃了我们对生活的热爱，欢乐有如一圈圈的涟漪从群体中漾开来，在增强集体凝聚感的同时，也给我们的生活注入了新的活力。

晚宴上，火箭专家向大家透露：最近，我们要把几只老鼠送到火星上去。话音未落，一个美女插嘴说："这样灭鼠，成本太高啦！"

在生活中，如果用幽默巧妙地来表达你的看法，更容易被人接受。

女儿告诉妈妈，因为妈妈反对她和男朋友恋爱，她的男朋友服安眠药自杀了。母亲一惊："自杀啦?"女儿说："还好，他吃错了药，没死。"

这是一个懂幽默的乖女儿，看似偶然的一句玩笑，实则传递给了母亲很多信息，也在某种程度上引起母亲对二人关系的重视，实在是个聪明的做法。

有时候，幽默的背后也夹杂着女人们对生活更深的感悟，它渗透着女人对生活的理解。

女人有一儿一女，但她只给女儿买新衣，让儿子穿旧的。有人笑她偏心，她解释说："外销的，要特别讲究包装。"

一个漂亮的女推销员上门推销洗涤用品，获得巨大成功。有人向她讨教推销技巧，她眼里闪着亮光说："很简单。我专捡夫妇两人都在家时去拜访，对那位丈夫说明来意，详细介绍产品的性能和特点，最后告诉他，不必马上买，可以等下次来时再说。这时，旁边的女主人往往表现出积极的态度，赶忙买下我的东西。"

一个球迷兴致勃勃地对女朋友说："踢球就和搞对象一样，得有缠的功夫。假如一双脚能像牛皮糖一样粘在足球上，就成功了。"女朋友说："然后呢，一脚踢开!"

有时候女人的行为本身就是一场幽默，它生动地诠释出了身为女人的特殊思维视角和心灵状态。给人们带来了不尽的欢乐。

一个女人走进邮局，要了一张电报纸，写完后扔了。又要第二张，写完后又扔了。第三张写好后，她递给报务员，并嘱咐尽快发出。女人走后，报务员对这三份电报发生了兴趣。第一份上写着：一切都结束了，再也不想见到你。第二份上写着：别再打电话，休想再见到我。第三份的内容是：乘最近的一班火车速来，我等你。

一个女人把她的结婚证书装进档案袋里，然后不无幽默地写上四个字：长期饭票。

两个女人在街上相遇。甲说："我收到一张法院的传票，说有件重要的案子要我明天出庭作证。"乙问："你觉得紧张吗?"甲说："非常紧张，我不知道穿什么衣服好。"

幽默也是智慧的一种体现，马丁·格雷尔讲过这样一个幽默小故事。

在马利兰州的安娜波里市，有一位3个男孩的母亲，孩子都19岁，是三胞胎。母亲管不了他们，3个儿子每天都玩到半夜才回来。有一天，母亲把3个儿子召在一起，对他们说："我身体不好，从今天起你们要为我分担部分家务。"其中一个儿子叫道："你就分吧，但是要公平!"另两个儿子也表示赞同。于是母亲说："我已经想好了，谁晚上最晚回来，谁就要在第二天早上为全家人准备早点。"

"那么3个人都晚呢?"有个儿子问。

"3个人都要做早点，一起做。"

结果，从当天晚上起，儿子们就早早地回了家。此后他们一个更比一个早回家。

由此可见，在幽默中透着生存的智慧，夹杂着对生活的理解和感悟。它常常以一种积极的方式成为女人们调剂生活的养料，快乐的源泉。

女人幽默法典

有人说活着最重要的是一种心情，每个人都有趋向快乐的本能，相比那些机械呆板的女人来说，人们自然更愿意与那些具有幽默感的女人在一起，因为有欢乐也就有了幸福。

用幽默掩饰自己的过失

在家庭生活中，我们难免偶尔出现过失，这时候最好的办法莫过于用幽默掩过饰非。用幽默掩饰自己的过失不是逃避责任，而是用另一种方式妥善地求得家人谅解。

在夫妻生活中，一方犯错误的时候，受到对方的指责是可以理解的，不能认为对方是在故意找茬。不过，夫妻之间的某些后果并不严重的小过失也是可以原谅的。一般在这种情况下，有过失的一方可以借助幽默博对方一笑，化解对方心中的不愉快，使对方原谅自己。

一次，一对夫妻因吵架而动了手，妻子抓破了丈夫的脸。事过几天，夫妻俩谈起此事，丈夫责怪妻子太粗鲁，说："你怎么能抓坏我的脸？"妻子笑说："难道做妻子的就不该给自己的丈夫抓脸搔痒？"

夫妻上次打架肯定是有原因的，提起那些话题或许又会引起新的争吵。妻子通过答非所问，在答话的时候巧妙地转移了话题，幽默地为自己抓人的行为辩解，这就避免了一次语言冲突。有的妻子在外应酬往往得不到丈夫的谅解，此时如果能巧妙地运用幽默也能很好地解脱。

一位妻子公司会餐很晚才回到家，微有醉意。她又忘记了带钥匙，于是只好敲门。

丈夫怒气冲冲地打开门说道："对不起，我妻子不在家。"

"那好，我明天再来。"

妻子说完，装出转身要走的样子。

结果你或许也想到了，丈夫一下子就追上去把妻子拉回了家。

妻子借助幽默的语言和行动，化被动为主动，巧妙掩饰了自己的过失，得到了丈夫的谅解。可是，如果你忘了那特别的日子，比如丈夫的生日，那丈夫就真的会不高兴了。这时候，除了掩饰过失之外，你还必须明确地承认你的错误！

一位妻子在丈夫生日过后一个星期才想起忘了向丈夫祝贺生日。她在送上一份迟来的礼物时说了一句："我问珠宝店的小姐说：'对上周的生日该送什么礼物好？'"结果她的丈夫对她的"健忘"莞尔一笑，说："我知道你是难得买礼物的人。你老是忘了生日和结婚纪念日。"

上面故事中，妻子赢得了丈夫的谅解，不仅仅是因为她自己的机智幽默，丈夫的宽容大度也是一个重要的原因。客观上来说，夫妻之间免不了磕磕绊绊，而夫妻生活也因有了变化起伏才不显平淡与死板。不论争吵的最初原因是什么，要想尽快地熄火降温，平息争执，关键是在争吵中或事后其中一方要主动承认错误，巧用幽默，使生活充满更多的欢笑。

有一对老年夫妻，常为一点小事争得面红耳赤，各不相让。后来，不知妻子从哪里学来这么一个绝招，往往在双方争执不下的时候，她就会从衣袋里摸出一张小卡片送给丈夫。这些小卡片上，有的写着“对不起”，有的写“别生气”，有的写“我爱你”，有的写着“笑一笑”，还有一句写着“不怕老婆非好汉”……往往惹得丈夫展颜一笑。

有了孩子的年轻父母们，孩子是他们的乐趣，有时也是他们争吵的导火线。

有一次小王和五岁的儿子玩飞碟，儿子玩得太起劲了，以致跌了几次跤，滚了一身土，回家丈夫责怪母子俩不讲卫生，刚穿的衣服就弄得这么脏，小王没有直言辩解，只是笑笑，说：“是他自己搞成这样，与我无关，你看我的衣服不是挺干净吗？”丈夫被小王孩子气的话逗乐了。

幽默可以对我们在家庭中掩饰自己的过失起到一定的作用。但幽默不是万能的，也并不是所有过错都可以用幽默轻轻地遮掩过去的，无论是男人还是女人，某些重大的甚至会危及夫妻关系的错误必须向对方实话实说，尽力赢得对方的宽容和谅解，不能因为幽默掩饰而冲淡了夫妻之间应有的真诚。

女人幽默法典

偶尔应用一下你的幽默和智慧来弥补一下过失，更显出你为人妻的可爱，生活也将由此而处处充满阳光。

第四章 幽默的女人感悟的是幸福

女人的幽默如同地下涌出的泉水，凝聚着对生活的深层感悟，对人生幸福的体验。幽默的女人对世间万物充满感怀，她们能听到花开的声音，感受到情逝的脚步，体会到人间的至爱与悲喜。幸福感来自于女人对幸福的理解，只有身处幸福之中的女人才能真正具有幽默感。对于追求家庭幸福的女人来说，融入了幽默的生活才更有情趣。如此说来，一个具有幽默感的女人也自然是一个能够感悟幸福的女人。

幽默是爱延伸的音符

常常有人问：“‘爱的喜剧’是什么意思？”赫伯这样回答：“如果我们花许多时间、精力、金钱，来使我们能去爱别人，那就是喜剧；如果我们只花很少力气去使我们显得可爱，那就是悲剧。”心理学家弗洛姆也说过，人想的多半是被爱，较少想到自己爱的能力。

为人妻、为人母的你也许会抱怨说你已经受够了永远做不完的家事，一堆吵吵闹闹的小毛头，而且电视机老是转到体育频道。你可以抱怨，可是抱怨一点用处也不会有；而如果你用对亲人的爱来接受它们，这便就是上演了爱的喜剧。

一天，丈夫外出，穿了件崭新的白上衣，没料到遇上倾盆大雨，把全身淋透，不但成了个落汤鸡，上衣还粘上了很多污泥。

到了家门，看门的狗狂吠不止，并扑到他身上。丈夫很生气，正想拿起一根木棒打它时，妻子出来说："算了吧，别打它。"

丈夫生气地说："这条狗真可恶！连我也认不出来了。"

妻子说："亲爱的，你也要设身处地为它想想，假如这条白狗跑出去变成一条黑狗回来，你能认得出来吗？"

妻子把丈夫比作了狗，但这并不是嘲讽他，而是夫妻间一种亲昵的举动，妻子用这个小小的幽默来表达对丈夫被雨淋了的关心。丈夫当然不会怪她，反而会被这种幽默逗乐，在妻子深情的关怀面前，丈夫被雨淋成落汤鸡的不快也会化为乌有。

有时候，周围的亲人难免做错事情，比如衣服熨焦了，饭菜烧煳了。这时候，他们自己已经够自责的了，如果我们再加以责备，他们一定会很难过。这时候他们需要的不是唠叨和责备，而是谅解、安慰和关怀。

一对夫妻结婚十八年了，妻子为丈夫煮了十八年的饭。最近妻子煮了生平最难下咽的晚餐：菜烂了，肉焦了，凉拌菜没有一点咸味。丈夫默默地坐在饭桌旁嚼着，一言不发，妻子心里很自责。而当她正要收拾碗碟时，丈夫却突然把她一抱，吻个不停。

“这是怎么一回事?”她问。

“哈!”他答,“今晚这顿饭跟你做新娘子那天煮得一模一样,所以我要把你当新娘子看待。”

啊!亏他想得出来!丈夫这一番幽默所表达的爱和关怀胜过任何没头没脑的责备。幽默,让妻子品味出浓浓的爱意,感受到无比的幸福。

现在,随着生活节奏的加快和人们时间观念的加强,有些夫妻,两个人工作都很忙,在一起的时间少了,如果两人之间不加强交流,久而久之就会出现一些不必要的问题。这时不妨准备一本家庭留言簿,把对对方的爱和关心用幽默的方式表达出来。

一个一大早要出门上班的妻子给丈夫这样留言:

“天气预报,可能是虚假广告。

天亮时有雷声,估计天公会开动生产雨水的流水线……

我把咱们家的小天空折叠,放在了你的包里。”

试想,当丈夫撑着折叠伞走在雨中的时候,是否会感到头顶美丽的小天空就是爱的延伸、家庭的活动屋檐呢?

女人幽默法典

亲情需要诠释,关怀需要表达。借助幽默我们能让自己所爱的人在会心一笑中感受到浓浓的爱意和温暖的幸福。

做一对幽默夫妻

两个人走到一起相爱并结为夫妻，只是万里长征刚刚走完了第一步。而做一对幽默夫妻则是保持婚姻幸福的最佳选择。

在幽默中，即使平日里的一些小摩擦也会被迅速化解，使你的家庭生活充满愉悦和温馨。我们来看下面这对夫妻的幽默。

下面是一个丈夫留给中午晚回家的妻子的话：

(1) 买来一桶“鲜橙C”，多喝多C多漂亮；

(2) 菜篮子已空。

丈夫告诉她已经买好了鲜橙汁，要她记得喝，同时提醒她去买菜。下面是妻子怕晚上下班回来迟，特地留给丈夫的，她还故意写错字。

(1) “鲜橙C”已经放进肚子里；

(2) 菜篮子我也“戴”走了。

妻子故意把“带”写成“戴”，这样一错，比丈夫的话更具幽默感。真是戏法人人会变，巧妙却各有不同。

在家庭里，女人往往是表面上的统治者。她们在表面所作的文章，也只是用来满足她们的统治欲和虚荣心。这时候，丈夫一定要理解妻子，幽默地配合妻子，这也是对妻子的一种宠爱。不但普通的夫妻是这样，伟人也不例外。

一次宴会上，林肯和他的夫人面对面坐着。林肯的一只手在桌上来回移动，两个手指头向着他夫人的方向弯曲。

旁人对此十分好奇，就问林肯夫人："您丈夫为何这样若有所思地看着您？他弯曲的手指，来回移动又是什么意思呢？"

"那很明显，"林肯夫人答道，"离家前我俩发生了小小的争吵，现在他正在向我承认那是他的过错，那两个弯曲的手指表示他正跪着双膝向我道歉呢。"

人们常说，一个成功男人的背后一定有一个能干的女人。伟人之所以能取得很大的成就，很多时候都是因为有和睦的家庭作为坚实的后盾。做一对幽默的夫妻，家庭就能禁得起狂风暴雨的袭击。充满幽默气氛的家庭里，家庭成员之间一般不会出现关系紧张的情况。

幽默还是夫妻关系的滑润剂。聪明的人总是不放弃任何一个逗趣的机会用以调节家庭的气氛。

有一对夫妻，吵得很不愉快，太太一直嘀咕、臭骂，嫁给一个好吃懒做、没有出息的老公，真是一朵鲜花插在牛粪上。

不久，老公从楼上走下来，对老婆说道：

"老婆，牛粪来了！"

几乎所有的家庭不快、摩擦都可能在幽默的言谈中倏然消失，就像下面的这则幽默对话一样。

妻子："昨晚我做了一个美梦。梦见你答应给我一百块钱买衣服。肯定，你会成全我的美梦吧？"

丈夫："那当然。说来真巧，昨晚我梦见自己把一百块钱给了你哩！"

丈夫悄悄告诉妻子："迈克这人真不是东西，刚刚在路上遇见他，但他却没有理我。这人太高傲自大了，好像我不如他似的。"

妻子安慰丈夫说："别生气！迈克有什么了不起，你当然不会不如他，你刚才不是也没答理那个笨蛋吗?"

然而也有些爱唠叨的女人，她们说话总是有口无心，沉醉于自我宣泄之中，全然不顾自己说了些什么，说得是否巧妙，是否正确，也不顾别人有什么反应。

一个男人因欠对面街上一位吝啬鬼的钱并限期第二天归还而发愁，晚上翻来覆去睡不着。他妻子知道缘由之后，下床来到窗前，冲着对面吝啬鬼的房子喊："对面屋里的人听着，我丈夫决定明天不还你的钱了。"她回过头来对丈夫说，"现在好了，你安心睡吧，该对面那位睡不着觉了。"

这则幽默体现了妻子为丈夫排忧解难的机智和她对丈夫的关爱。

有一则这样的幽默故事。

一天，一个男子实在忍受不了妻子的一本正经、不苟言笑，逃出家门，投宿旅店。服务员为他开了房间，并说："我们这里服务周到，会有一种家的感觉。"

他一听，大声喊道："天哪，快给我换个房间吧!"

这个男子实在地说出了一些已婚男人的心里话。其实，家庭应该是温馨的港湾，夫妻之间的交流应该是轻松愉快，推心置腹的。家庭中的幽默不可忽视，爱使得家庭生活变得可爱，幽默使得我们能充分享受家庭之爱带来的幸福。幽默的力量能帮助我们在爱与幸福之间搭建一座桥梁。试着换一种心态去生活，家庭也可以变成培植幽默的沃土。

女人幽默法典

幽默的笑声可以制造明朗和谐的家庭气氛。家庭生活不同于严肃的社交场合。很多的人在步入社交场合时总要戴上一副“面具”，如果回到家里还是不能或不愿将它“摘”下来，其家庭生活的气氛是难以想象的，因为家庭成员绝对不会接受你的这副面具。

有幸福感才有幽默感

幸福，有很多种。有的人久不见荤腥，那这个时候能够吃上一碗红烧肉就是幸福；有的女孩终于摆脱了她不爱之人的纠缠，她会因一身轻松而感到幸福；庄稼久旱逢雨，对于农民来说这就是幸福，而这场雨对于远行的人来说却分明又是一番苦恼的旅程。再如升职、加薪、中奖……不同人的眼里有不同的幸福，它往往取决于人们看待幸福的尺度。对幸福的感受不同也就产生了不同的幸福感。

事实上，只有一个能充分感悟幸福的女人才能生发出对生活的幽默感，因为幽默感是一种积极心态的体现。一个女人只有将心灵的触角渗透到生活之中，以达观的心态去面对生活，感悟生之乐趣，生之幸福，才能从中生发出幽默感，此时的嬉、笑、怒、骂都是在以一种扎实的幽默的心理表达一种积极的生活态度。

作为一个女人，拥有开朗乐观的性情很重要。有的人在挫折中看到的只是悲观、失望，渺茫的前途，自卑的心理轻易地就阻断了她前进的步伐。而有的人却从失败中昂然站起，她们学到了经验，获得了信心，增长了勇气，看到了前景。女人的幸福感大体来自以下几个方面。

幸福感来自于与大自然的调和，与世间万物的联结。与万物联结得越紧密，越能产生充分的幸福感，我们每一个人都是世间整体的一部分，并向世间柔弱而坚定地传递着爱，善意，与纯真。

幸福感也来自于一颗感恩的心。女人只有以一颗感恩的心来看待周围的世界与自身，才能与世间万物拥有更多的同感体验，才能将人间悲喜淡化于一句调侃，一个莞尔之中。只有常怀着一颗感恩的心才能把人生的每一天都当做新的一天或最后的一天，才懂得珍惜，才能真正活在当下此刻，而不易被无谓的琐事拥塞心灵。

幸福感也来自于阅尽沧桑后淡看人生的那份坚定与从容。这里的淡看是指不执拗不较真不退缩。困难来了既然躲不过那就勇敢地迎接它，按照事物该有的样子，既不放弃主观努力也不放弃希望，一切顺其自然。记住，看淡而不是看透，看淡中有一颗平常心，“看透”则在遁世的逍遥中含有一些消极因素在里面。只有心态从容了才能滋生出幸福感，才不会被人生困境所击败，才能以更加昂扬的姿态去面对生活。

女人和男人一样都具有与生俱来的幽默细胞，只不过由于种种原因，很多人已经把幽默感长期禁闭于心中，以至于自己虽然希望幸福，却让烦恼压抑着；虽然希望自由，却让悲伤奴役着；虽然希望祥和，却让仇恨吞噬着；虽然希望快乐，却被痛苦毁灭了。如果我们想早日从中解脱，改变不快乐的生活现状，那么就需要女人用心去感悟幸福，踏实地去生活，因为只有一个幸福的女人才能滋生出幽默感，而一个具有幽默感的女人才能更深地去感悟幸福。

女人幽默法典

幽默在生活的各个角落造就了欢乐的笑声，只要有人存在的地方，就有幽默大显身手的舞台。幽默的女人更是让人间充满了幸福。

用幽默的语言进行亲子沟通

孩子是家庭中的天使，他们总能给家庭带来无尽的欢乐。作为父母如果采用幽默的方式，与孩子在温良的亲子氛围中共同成长，那必将是一件有益于身心健康的很快乐的事情。而身为母亲，由于与孩子在一起的时间相对更长些，所以尤其要注意这一点。

近年来儿童的心理疾病、犯罪率比较高，究其原因有很多种。有的来自于家庭，有的来自于学校，有的和社会因素有关，有的则来自于亲子沟通，还有的来自于儿童自我的认知水平。其中亲子沟通就是个重要因素，母子沟通不畅将会导致孩子性格孤僻、暴力、寡情、自我调适能力较低等。所以说进行有效的亲子沟通是儿童成长过程中很重要的一环。

孩子的理性思维能力差，而感受力却很强故而运用幽默的语言与孩子进行交流则更容易为孩子理解和接受。

孩子的语言天然地带有幽默感，或者也带着一些惹人疼爱的慧黠。

一个小孩对他的朋友说："我妈妈不让我养狗。"他的朋友马上说："你不该这样直截了当地要。向你的妈妈要个小弟弟，这样她就会买只狗来给你了。"

有的小孩甚至用幽默的作用来逃避父母的责罚。

母亲责骂女儿太吵："你不是答应我要安静的吗？我不是跟你说好不安静的话就要挨打的吗？""是啊，妈妈，"女儿表示同意，"但是我没有遵守诺言，因此你也不必遵守你的诺言。"

在孩子面前，做父母的应特别注意给孩子树立一个良好的榜样。否则对孩子的教育将十分不利。

儿子与小朋友打架，父亲大怒，伸出巴掌就打："这样小就打人，看老子今天非打死你不可。"儿子痛得连连求饶。父亲气冲冲地问："今后还敢不敢打人？"儿子哭着说："现在不打了，等我长大当了爸爸后再打人。"

棍棒出孝子的时代已经过去了，新时代的父母一般都会与孩子一起谈天说地，在欢笑中去体验孩子的心灵，再用孩子的心去感受世界。此时父母可以利用幽默的语言潜移默化地去影响孩子，引导孩子建立正确的认知观念。这里有一个梁启超与其父亲的故事。

梁启超是近代史上一位巨人，他的聪慧早在幼年时期就表现出来了，这得益于父亲对他的正确教育。在他十岁那年，有一天，随父亲到朋友家里做客。一进家门，他就被院子里一株蓓蕾初绽的杏树吸引住了，并偷偷地折了一枝，遮掩在宽大的袖袍里。谁知他的这一举动恰恰被父亲和朋友看在眼里。梁启超的父亲平时教子甚严，此时又不便当面指责。酒筵上父亲总为儿子这件事惴惴不安，一心想不动声色地暗示儿子一番。于是父亲当众对梁启超说："开宴前，我先出一上联，如能对好，方可举杯，否则只能为长辈斟酒沏茶，不准落座。"父亲略加思索，作出上联："袖里笼花，小子暗藏春色。"梁启超听后一惊，恍然大悟，但也未显失色，随口对出下联："堂前悬镜，大人明察秋毫。"

一道难题，一箭双雕：既暗示了批评，又不让孩子在众人前出丑，还显示了严格的家教。面对儿子的不雅之举，梁父不是当面点破，而是采取了文雅的方式含蓄地表示批评。父子于一问一答间既达到了说教的目的，又颇富幽默与诙谐的意味，同时博得了众人的喝彩。

女人幽默法典

以幽默的语言与孩子进行交流，以幽默的方式去帮助他们克服缺点并改正错误，这是每一位父母应尽的责任。对于身为母亲的你来说，能够以一种科学的方式来教育你的宝贝，让他们健康成长是一件很快乐的事情。在欢笑中传递的是你与子女间爱的互动。

歪理幽默妙处多

家庭不是讲理的地方，夫妻之间不需要太多严肃认真、正儿八经的是非理论，却不可少了嘻嘻哈哈、“胡说八道”的歪理幽默。在适当的时候讲出一些歪理，家庭生活就会变得趣味盎然，生机无限。下面是一个使用了歪理幽默的故事：

从来没有喝过酒的妻子从丈夫的杯子里抿了一小口白酒，皱着眉头说：“酒可真难喝！”丈夫笑了笑说：“可不是吗，可你还整天唠唠叨叨，说我喝酒享乐呢！”

酒对于妻子来说很难喝，而对丈夫来说则可能是一种享受。丈夫利用妻子说酒很难喝这一点讲出了一通为自己辩解的“歪理”。

还有一个故事：

丈夫在看晚报，当他读完一篇《女人的寿命比男人长》的文章后，便问妻子：“我真不知道为什么男人要先走一步？”妻子解释道：“总得有人留下来收拾衣服吧！”

通过上面两则例子，我们可以看出，在家庭生活的每时每刻，只要你顺着对方的言谈举止用貌似合理实则荒谬的道理轻轻一推，歪理便出来了，幽默也就产生了。

我们认为家是讲幽默的地方。家庭是男人和女人靠爱情建立起来，又靠爱情来维系的爱情栖息地。夫妻间的是是非非、恩恩怨怨不是某种道理可以讲得清的，夫妻之间的一些行为也就不能简单地以“是非对错”作判断；而幽默也往往是靠歪理来产生。在这一点上家庭和幽默恰恰有共通之处。下面引一则家庭幽默来说明这一点。

妻子：“你经常说梦话，去医院检查吧。”

丈夫：“不用了吧！要是治好了这病，我就没一点说话的机会了！”

再看看另一则：

有一外国人娶了位中国太太。一天，这位外国先生有意问太太：“中国字的‘太太’怎么写?”太太告诉外国老公，是在“大”字上加一点。老公便故意在“大”的右上角加上一点，所以“太太”就变成“犬犬”了！搞得太太哭笑不得。

夫妻之间运用这种歪理幽默，不但可以活跃气氛，愉悦性情，而且还能表现一种夫妻之爱，使得家庭生活妙趣横生。这样一来，就不会有“相爱简单，相处太难”的感叹了，对普通人是这样，对大哲学家苏格拉底来说也是一样：

苏格拉底婚前并不知道他的新婚妻子脾气很坏。结婚之后，他才意识到自己娶了一位“恶妻”。虽然苏格拉底认为自己的婚姻不是很美满，但他还是常常鼓励别人结婚。

苏格拉底这样说：“如果你娶到一位好脾气的太太，你会终生幸福；但如果你娶到一个坏脾气的太太，则恭喜你，你就可以成为‘哲学家’了！”

苏格拉底运用带着很浓自嘲意味的歪理幽默，表达他对“娶了一个坏脾气的老婆”这个既成事实的无奈，又表达了对妻子的豁达谅解。歪理幽默还能用来安慰亲人。

有一天丈夫对妻子说：“真糟糕，我的胡子越来越白了，头发却还是黑的，你说这是怎么回事？这多么难看，别人一定认为我的头发是染的。”

妻子说：“胡子先白了还不是怪你自己，谁让你这嘴巴用得最多，而脑袋用得最少呢！”

丈夫一句一本正经的话，却让妻子找到了幽默的灵感。妻子的话，让人忍俊不禁。

女人幽默法典

幽默与逻辑格格不入，就像家庭与道理格格不入一样。用幽默冲淡家庭中不时出现的理性喧嚣，去化解夫妻之间的各种矛盾，对建立幸福的家庭大有好处。

借助幽默表达对亲人的看法

角色的对调可以激发我们以新的方式来发挥幽默力量。生活中，我们对亲人会有各种各样的看法，有时候是好的看法，有时候则是不好的。当我们对亲人有不好的看法时，如果直言不讳，言辞激烈，则难免伤害对方。如果能将话语制成“糖衣炮弹”，对有缺点的一方进行善意的揶揄和有节制的讽劝，以幽默的方式送给对方，那么就既达到了批评对方的目的，又增加了趣味的成分，既使对方心甘情愿地改正错误，也不会伤害感情。可以想象，其收效肯定要比直言不讳强。请看下面这位妻子是怎样巧妙地批评她的丈夫对她的漫不经心的。

“五年来，我先生从来没有好好看过我一眼。”有一位妻子抱怨，“要是将来我有了什么三长两短，我恐怕他也没法去认尸了。”

这位妻子没有直接表达对丈夫的不满，而是以幽默的方式道出，通过这种温和的批评方式，让丈夫从一个爱人的角度来看这件事情，使丈夫在回味之余，更容易接受批评并加以改正。

日常生活中许多生活琐事往往会引发大的干戈，其原因之一是双方的话语中都缺少一种幽默的成分。如果在批评亲人的时候能采用幽默的方式，那么你的批评就已经有一半成功了。比如结婚后，家务事变得多了，有的丈夫很懒惰，即使工作不太忙，也不肯帮妻子动动手。对此，妻子可运用幽默刺激丈夫。

妻子在厨房忙完以后，对久坐不动专等着吃饭的丈夫说：“今晚的菜，你可以选择。”

“是吗？都有些什么菜？”

“炒土豆。”

“还有呢！”

“没有了。”

“那你让我选择什么啊？”

“吃还是不吃？”

即使丈夫再懒，做妻子的最终还是会原谅他，不过妻子可以用幽默的方法来提醒他。

一对年轻的夫妇，我们姑且称他们为玛丽和约翰。他们订购了一批郁金香球茎，要在秋天种植。玛丽好几次提醒约翰去种球茎，但是他老是拖延下来。最后玛丽自己种了。

约翰很高兴——直到春天，郁金香长出来了，开满了各色的花，拼出“懒惰的约翰”的字样。

如果丈夫把妻子管得太严，妻子往往会感到很不自由。

有一位已婚的女子，计划来一次单身旅行到“千岛”。她丈夫的反应令她不太高兴。

她当着丈夫的面对来家里做客的朋友说：“他没说不准我去。只是他要我在每个岛上待一个星期。”

其实丈夫本不愿她单身旅行，而她却故意告诉朋友说丈夫很支持她的行动，这是运用幽默来缓解僵化的方法，可谓巧妙。

小气的妻子往往把家里的财物管得很严，丈夫会觉得很不方便，这时候要表达不满可以向下面这位先生学习：

有这么一位先生回家时，装作气喘如牛的样子，却又得意扬扬地对妻子说：“我一路跟在公共汽车后面跑回来的，”他喘着气说，“这一来我省了一元钱。”

他妻子笑着说：“你何不跟在计程车后面跑，可以省下五元钱！”

上面这个幽默故事中，丈夫所说的明显是假的，他要表达的是妻子对他的钱管得太严了，他不得不省钱跑回家。妻子理解丈夫的意思，在莞尔一笑的同时，以幽默的话语回避了丈夫的不满。

女人幽默法典

亲情是珍贵和美好的，但也是需要表达的。亲人之间，如果能够经常借助轻松风趣的幽默来表达对彼此的一些看法，必能使彼此更加和睦。

用幽默创造和谐的家庭气氛

幽默是打破夫妻之间僵局的最佳方式。如果你说："你看世界上的冷战都结束了，我们家的冷战是不是也可以松动一下？""瞧你的脸拉那么长干什么！天有阴晴，月有圆缺，半月过去了，月儿也该圆了吧！女人不是月亮吗？"对方听了大多都会"多云转晴"的。

幽默是讲究环境和条件的，如果在具有幽默诱发作用的环境中，具备了成熟的条件，即使文化修养不高的人，也会自然而然地幽默起来。家庭是一个很好的诱发幽默的环境，因为家庭中充满了善意和爱，当然，有时候家庭中成员之间，尤其是夫妻之间，也会发生矛盾。当夫妻之间发生矛盾时，我们也可以用幽默来消除紧张，缓和矛盾。

临睡觉前，丈夫让妻子到时间叫醒他看足球现场直播。

妻子问："明天看重播不一样吗？"

丈夫就问："新婚和二婚能一样吗?"

妻子听丈夫这样说很生气，就赌气地说："你要愿意看，就自己起来。我可没那闲工夫叫你。"

丈夫也生气，就嘟嘟囔囔地睡了。

半夜，妻子大声嚷道："快起来看你的新娘子!"

幽默和温和的言语一样，在夫妻之间发生矛盾的时候，幽默所表达的是一种委婉的妥协，既不损及自己的颜面，又能同爱人友好的和解。夫妻之间，貌似嘲笑的幽默总是能够迅速地弥补双方之间的个性差异与感情裂痕，拉近双方的心理距离。下面就是一个这样的故事。

丈夫看见失业的妻子一点儿也不着急找新工作，于是对她说："你怎么一点儿都不懂得废物利用?"

妻子回答说："因为很懂得，所以才嫁给了你。"

丈夫本想教训妻子一顿，却被妻子幽默地驳回。记住，在婚姻和家庭生活中某些特殊的时刻，某些话语可能会造成不可磨灭的伤痕，在这种时候，我们要像上面故事中的妻子一样，尽量运用幽默去做妥当地化解。

夫妻俩吵得很凶，丈夫气得直说："我真后悔娶了你，早知如此，我就娶个魔鬼回来得了!"

"不行，你不能这样做，你难道不懂近亲结婚是法律所不允许的吗?"

面对盛怒的丈夫，妻子幽默地把他比作了魔鬼，从而让丈夫在笑声中冷静了下来。

恩格斯说过，幽默是具有智慧、教养和道德上的优越感的体现。

在家庭成员的交流中用幽默寓庄于谐地表达一个严肃的内容，甚至用来进行善意的批评，每每能使另一方在轻松的感觉中备受启迪。

女人幽默法典

当夫妻间发生矛盾时，双方都应该撇开愤怒，抛弃争吵，试试在那一刻能直达人心灵深处的幽默的力量。

中篇 能包容的女人活得洒脱

包容是一种修养，一种境界，一种美德，更是一种非凡的气度。作为女人，也许很娇贵，也许很单纯，也许很浪漫，但拥有一颗包容之心，才是女人最可爱的地方。然而女人中很少有能够懂得包容的真正含义的，更少有人能真正做到包容。要知道，包容是需要女人用行动来实现的，它是一种看透人生的淡定、一种睿智。

第五章　包容是给他人空间

现实生活中得理不让、咄咄逼人的女性并不少见。她们无论在职场还是在家庭中总喜欢通过批评和打压他人来凸显自己，从而获得百般推崇的荣耀。这往往是女人虚荣心的一种体现。女人要懂得放手，学会包容。只有这样才能充分尊重他人，给他人空间，让对方在身心自由中更愿意和你交往下去。

让世间充满接纳与爱心

每个人都在呼唤这个世界多一点爱与包容，其实包容就在我们每一天的每一件平凡的小事之中，也许你不经意的一声问候，一句关心，一个眼神就能传达出许多美好，传递出许多爱的讯息，让这个世界充满感动。而一个来自本能的私心有时却会在不经意间给自己留下终生的悔恨。

这是一个来自越战归来的美国士兵的故事 。

他从旧金山打电话给父母，告诉他们:“爸妈，我回来了，可是我有个不情之请。我想带一个朋友同我一起回家。”

“当然好啊!”他们回答，“我们会很高兴的。”

不过儿子又继续下去:“可是有件事我想先告诉你们，他在越战里受了重伤，少了一条胳臂和一只脚，他现在走投无路，我想请他回来和我们一起生活。”

“儿子，我很遗憾，不过或许我们可以帮他找个安身之处。”他们又接着说，“儿子，你不知道自己在说些什么。像他这种残障的人会对我们的生活造成很大的负担。不能让他就这样破坏了我们的平静生活。儿子，等你回来就会慢慢忘记他了，我相信总有一天他会找到属于自己的一片天空的。”就在此时儿子挂上了电话，他的父母再也没有他的消息了。

几天后，这对父母接到了来自旧金山警局的认领电话，告诉他们亲爱的儿子坠楼身亡的消息。警方说这只是个自杀案件。他们悲痛欲绝地飞往旧金山，在警方带领之下到停尸间去辨认儿子的遗体。那的确是他们的儿子没错，但惊讶的是儿子居然只有一条胳臂和一条腿。

我们大多数人都如同故事中的父母，去喜爱有气势或谈吐风趣的人很容易，但是要接受那些将会造成我们不便和不快的人却很难。我们总是宁愿和那些不如我们健康或聪明的人保持距离。

每天上下班坐公交车的时候，经常会在繁忙的几个路口堵车，而每次堵车总能看到一个蹒跚的老人或者一个怀抱孩子的妇人一副凄苦的模样依次向排队的车主人伸出双手。每到此时我都禁不住去追随着他们，捕捉车主人的面部表情特别是他们的每一个细微的小动作。犹豫、排斥，将车向前赶一下，装作看报漠不关心，但更多的还是先本能地抗拒一下，然后犹疑着随手取出一元钱，取出一元钱，再取出一元钱……每到这个时候，我的心里都会感动，为自己即使堵车也能触摸到的人性的真实，我想无论那位老人和妇女的凄苦是否属实，他们伸出的双手都在一点一滴地聚拢着这个城市的真诚与爱心。

生活中常见到有些女人对自己和他人都很挑剔。居高自傲、独来独往，独立的经济收入，独自的心灵世界，独立的生活。久而久之，心灵就会走向枯燥、乏味，高傲外表下的内心却薄得像一张纸，敏感、脆弱，一有情感触动便泛滥成灾。

也许是受社会竞争的影响，人们越来越不愿意用心去感受他人，而是习惯了以心灵的冷漠和孤独来保护自己。于是人挤人的城市生活反而让人们心灵间的距离越来越远。而能够以一颗包容之心去接纳他人、欣赏他人就显得尤为可贵。落实到女人身上就成为一种感染人的魅力，不但能为你赢得一个宽松的人际环境，而且你自身的心灵世界也将因此而更加滋润。

女人包容心语

只有走出自己的心灵世界，学会接纳与赞美，生命才能奏出优美的乐章，并且在互动中成就女人的完整人生。

悦纳自己方能更好地包容

每个女人因缘而来到这个世界，以不同的方式展示着各自的美好。无论我们本身具有什么，我们都应该是他人所无法取代的一个完整的生命体。只有能够很好地悦纳自己，我们才能更好地去包容别人。

美国著名心理学家卡尔·R. 罗杰斯认为，当人类从婴儿成长为成人时，一种裂缝在内心逐渐发展起来，这种裂缝使我们当前的认知与我们自身更深层的“经验”分裂开来。为了获得赞赏和爱，我们学会了压抑自身的一些情感和表达，而这些注定是不会被我们生活中的重要他人接受的。我们对被爱和被接受的需要能够削弱我们保持和谐、完整和真实的能力。当我们还是婴儿时，“评判标准”就牢牢地存在于我们内心，但是随着我们的身体的不断成长和思维的不断成熟，我们学会将来自外部世界的评判标准“内化”，直到我们中的许多人再也不能认识到内部和外部的区别，再也不知道真正的自我。与自身的重要部分失去联系并且失去自尊，许多心理和社会问题也就不可避免地从这些不和谐中产生了。他认为我们将婴儿时的自我决定能力渐渐转交给了外部世界。在某些人身上这种自我的丧失达到了如此严重的程度，以至于再也不能意识到自身机体此刻的经验——我们不再知道自己在想什么或自身的感受是什么。

于是对于个体来说，如何才能重新获得对自己的生活进行价值评判的能力并对自己的生活负责很重要。对于夫妻关系来说，能够诚实地表达出一些令人痛苦的真相而使关系得到改善，彼此间来自心灵深处的健康的交流过程很重要。它能促进二人的共同成长，使双方在爱的意义上建立起更加幸福美满的婚姻关系。

女人们由于受几千年来封建传统文化的影响，社交范围相对狭小，自我突破有一定难度，很多女人为了摆脱孤独获得他人的爱与欣赏，常常会掩藏自己去迎合别人，久而久之，生命就会变得苍白而麻木。所以女人们能够接纳自己，与内心深处迷失的自我进行交流，使自己成为一个完整的“人”很重要，只有你增强了对自我与他人的理解力，接受了这个世界的不完美，你才能够很好地去包容他人，使生命在互动中走向和谐。

那么人如何才能悦纳自己，从内心深处寻找到迷失的自我，使自我的这一部分与自身生命更好地交融，从而拥有更加健康和谐、高品质的生活呢？这里提供一些简单的经验仅供大家参考。

首先，要体认并与内心深处的孤独感和解。能享受寂寞是一种幸福，而孤独则是一种特殊的情绪体验。它主要是内心深处自我的剥离造成的，我们不能体验到自己的真实感受，更多的时候在依据他人和一些约定俗成的观念在生活，内心的情绪由于长时间被忽略不能被意识感知就会伴有严重的压抑感与孤独感产生。此时就需要我们深入到内心将被压抑的情绪表达出来，并接受它成为自身的一部分。与他人建立积极的和谐的关系也很重要，他能引导你真实地表达自己，并以真实的自我去面对生活。

其次，承认自己的不完美。很多女孩子都有唯美思想，希望自己哪里都是完美的，容不得半点瑕疵，有一点不好就和自己过不去，当我们不能接受自我，内心就会充满挣扎和抗争，我们便会痛苦。停止内在和外在的战争，心的慈悲与伟大就会浮现。将一切放下，那么在我们的周围充满意义的世界就会浮现。听花开的声音，看云浮的过程，整个心灵将会因此变得宁静与祥和，当我们能与自己的心灵亲密接触，就能向周遭的一切跪拜并祝福一切。

再者，不要活在别人的眼光里。事实上，在这个世界里，一切都预先被原谅了，一切皆可笑地被允许了。存在即是合理。所以不要在意别人的眼光，给自己一个骄傲的理由，给自己一个幸福的理由，给自己一份别人不能给予的温暖。敢于发出心灵中最真诚的呼唤，而不必扭扭捏捏，东遮西掩。拥有时，不必去矫饰喜悦；失去了，也不要过分悲伤。活给自己，笑给自己，演给自己，唱给自己，把快乐的钥匙掌握在自己手中、心里和心灵深处。

最后，摆脱自卑心理困扰。世界上没有十全十美的事物，造物主是公平的，多给几分智慧，就会少给几分美貌；多赐予一些才华，同时也会给你留下某种缺陷。认识到这一点你就该明白，无论怎样都不该感到自卑，如果你比别人少了某些东西，那必定是因为你比别人多了某些东西的缘故。千万不要沉溺在自卑的情绪里，那样你就会越过越糟糕。

客观分析一下自己，既不以自己在某些方面高于别人而自傲，也不以某些方面低于别人而自卑，能够喜欢自己，接受自己。不要过多地责备自己，任何人都是独一无二的。要知道一个女人只有悦纳自己才会变得自信，才会更好地去理解和包容他人。

女人包容心语

一个女人只有学会悦纳自己，才能更好地去包容别人。也只有有着爱与包容心的女人才能世事洞明，不但懂得如何与自己交朋友而且也善于与周遭的一切和谐相处，坦诚而美好。

在自由中携手前进的爱情

大多数女人的本意是：想要管住一个男人就必须抓住两个方面——男人的钱包和手机。经济和行踪都管理好了，一个男人想花心也难。

俗话说“男人有钱就变坏”，这似乎已经得到了大量实践的验证。为此，有些女人干脆把老公的工资先统一收缴“国库”，再按月发饷。这样做，尽管从管理力度上来说非常彻底，但从技巧上来讲却不近人情，而且男人出门在外要靠钞票充门面。我们可以每个月“征收”老公工资的一部分，作为家里的公共基金，当然你也要上交，这样既不会让老公觉得受到不平等的压榨，又达到了给老公钱包缩水的效果。

哪怕你再想知道老公的行踪，也不要贴身追踪，隔两三个小时就打电话查岗，这样做的结果只会让老公厌烦，更伤害了男人的自尊。作为女人，最糟糕的是把自己心爱的男人“推”出门去。

杨依莲一下班直奔家里，电话短信一直发给老公，看到老公在家就兴奋得要死，又是端茶又是递水，一直坐在老公旁边。结果，却每次不到几分钟就要被骂一次，原因是老公嫌她太唠叨。水喝了还问渴不渴，刚吃完饭还问要不要吃什么，电话来了问是谁，是男是女，找你干什么……朋友有时都觉得杨依莲很可怜，自己的生活圈子不去创造，干吗整天围着老公转。后来老公终于有外遇了，她更是整天守着他，每次都打电话骂那第三者。第三者说了一句：你知道为什么他要和我在一起吗？你最好自己检讨检讨，没有哪个男人愿意身边围着一只苍蝇一直嗡嗡嗡地叫，睡觉也叫，吃饭也叫……

杨依莲就是因为把丈夫看得太紧，最终把老公“推”向别人的怀抱。

心理学的工作坊里曾经有这样一个实验：参与者是一对夫妻，让他们分别以不同的方式共同走过一段路程。这些方式分别是：相拥而过，用三条腿走路，牵着手对望着向前走，最后一种方式是让二人并肩前行，可以浏览周围的风景，偶尔用眼神与对方进行短暂的交流。毋庸置疑，自然是最后一组更加的自由、轻松、快乐。

事实上，并非所有管老公的妻子都担心老公在外面有外遇，而是因为太心疼对方，什么事情都想替他操心：他约了朋友吃饭到点了还在上网，你要管；他的表妹过生日，他买了个公仔作礼物，你还是要管；他哪怕是去银行取个钱，你都担心他把密码告诉别人……为什么你事事都想管着他呢？是因为你爱他。曾经有人说过：“当你觉得这个男人像孩子一样，任何人都可能欺负他的时候，证明你已经爱上他了。”

可是，可爱的女人们，你们可知道，他在认识你之前，还不是一样活得好好的，一样和上司朋友打交道，一样给表妹过生日，一样去银行取钱……说不定你这样管了，你的老公还不会领情呢——他会觉得你不信任他，在你眼里他什么都不是，从而产生了逆反心理，以后做什么事情，去哪里见谁，再也不让你知道了。

还要提醒你的一点是：千万不要把婚姻看做生活的全部，而对老公过于依赖，以免这个城堡不堪重负被压垮。除了婚姻还有很多其他社会活动需要你的参与，譬如工作，关心父母、朋友、自己，以及各种广泛的社会活动。如果把自己的一切都和他绑定了，那你也就成为了他的附属，这样于自己是一种枷锁，于别人是一种负担。

女人包容心语

男人就像女人手中的一把细沙，抓得越紧，丢得越快、越多，所以女人别把男人看得太紧，给他一片自由的天空，这样你也许会得到更多。彼此都要留点私人空间比较好。

女人不要做“怨妇”

风云变幻，世事无常。由于许多“不可抗力”和无法预料的因素，多少希望因此化成失望，多少快乐转眼成为悲伤。如果我们事事计较，总是怨天尤人，那人生将是何其的沉重？

女人含嗔带怨的神态就像古代闺怨体诗词，让男人顿生怜香惜玉之意。然而，一旦看什么都不顺眼，看什么都不称心，幽怨过了头，那到最后伤得最重的还是自己。

就有一些这样的女人，她们看世界永远看最糟糕的一面，想问题永远想最难解的症结，别人可以一笑了之的事情，在她们那里，就是天塌下来的大事儿。从社会风气到生活环境，从家庭纠纷到同事朋友的纷争，从马路塞车到刚买的衣服打了折等，无事不可生怨。

心生怨气，不仅拿别人的错误折磨自己，同时也拿自己的错误折磨别人，扰乱别人的生活节拍。抱怨太多，不仅会吞噬自己的生命之光，还会吞没友谊的绿树，乃至自己营造的爱情乐园。无穷的抱怨，把快乐摒之门外，错过了身边的时光，辜负了宝贵的生命。

怨妇的主要症结是对生命和生活缺乏感恩之心。想一想人生多么短暂，生命那么宝贵，还有什么理由为生活中的一地鸡毛而怨恨呢？生活是那样的多彩，即使有酷夏也会有阳春，即使有寒冬也会有金秋，相信走运和倒霉都不可能持续很久，何必要杞人忧天、坐困愁城呢？

再说，抱怨昨天，并不能改变过去；抱怨明天，同样不能帮助未来。与其徒劳无益地浪费时间，不如转变心态，寄放忧愁，化解怨气，采取积极的行动，做一些行之有效的努力。要知道影响人生的绝不仅仅是环境，心态控制了个人的行动和思想，心态也决定了自己的爱情和家庭、事业和成就。

我国唐代著名医药家、养生学家孙思邈，享年102岁。他在论述养生良方时说：“养生之道，常欲小劳，但莫大疲……莫忧思，莫大怒，莫悲愁，莫大惧……勿把忿恨耿耿于怀。”他指出这些心理负担都有损于健康和寿命。事实也是如此。有的女人之所以感到生活得很累，无精打采，未老先衰，就因为习惯于将一些事情吊在心里放不下来，结果在心里刻上一条又一条“皱纹”，把“心”折腾得劳而又老。

辨症论治，对症下药。对于那些肚量狭小的女人，最简单可行的方法就是“放下”。

的确，人生不可能一帆风顺，从你自我意识的那一刻起，你就要有一个明确的认识，那就是人的一辈子必定有风有浪，绝对不可能日日是好日、年年是好年。所以当你遇到挫折时，不要觉得惊讶和沮丧，反而应该视为当然，然后冷静地处理，潇洒地放下。

就像宋朝女词人李清照所说的：“才下眉头，却上心头。”拿得起而放不下可说是妨害健康的“常见病，多发病”。狄更斯说：“苦苦地去做根本就办不到的事情，会带来混乱和苦恼。”泰戈尔说：“世界上的事情最好是一笑了之，不必用眼泪去冲洗。”如果能对所有的忧虑和哀愁放得下，那就可称是幸福的“放”，因为没有忧虑和哀愁的确是一种幸福。

中国有句古话说的好："宠辱不惊，看庭前花开花落；去留无意，望天上云卷云舒。"让我们在"放得下"的意境中寻求幸福的真谛，共享人生无限广阔的天地。

女人包容心语

埋怨是一种最要不得的性情，它不断地制造内伤与外患，而身在其中的女人却毫不自觉。而女人又很容易将这种浮躁心理传染给他人。相信聪明的女人如果意识到这一点，一定会以包容之心去体会他人，给他人多一些空间，做一个拿得起，放得下的好女人。

办公室女郎，有话好好说

在办公室里与同事们交往离不开语言，很多人都有同感，那就是每到一个新环境总会遇到一些尖酸刻薄的女同事，她们欺生、自傲、目中无人。这样的女人无论在哪里工作都不会受到人们欢迎，因为和她在一起，就会有一种无形的压抑感。大家都害怕，本着多一事不如少一事的原则尽量不与之发生正面冲突。

你愿意做这种女人吗？被排除在群体乐事之外，靠严厉和高贵感来填补空虚脆弱的内心？如果你不愿，那么在日常工作中一定要注意自己的言行了。

1．不要总跟在别人身后人云亦云

老板赏识那些有头脑、有主见的职员。如果你经常只是别人说什么也跟着说什么的话，那么你在办公室里就很容易被忽视，在办公室里的地位自然也不会很高了。拥有自己的头脑，不管你在公司里的职位如何，你都应该发出自己的声音，勇于说出自己的想法。

2．办公室里有话好好说

言语交际中有时免不了与同事争辩，但善意、友好的争辩更能促进同事间的了解，活跃交际环境，起到调节气氛的作用，有时一场精彩的争辩会令人荡气回肠，齐声喝彩。但是尖酸刻薄、烽烟四起的争辩则会伤人，导致彼此心情不好，从而使同事对你望而深叹、敬而远之。

在办公室里与人相处要友善，说话态度要和气，要让人觉得有亲切感，即使是有了一定的级别，也不能用命令的口吻与别人说话。说话时，更不能用手指着对方，这样会让对方觉得你没有礼貌，让其有受到侮辱的感觉。

3．不要在办公室里炫耀自己

如果你的专业技术很过硬，如果你是办公室里的红人，如果老板非常赏识你，那么这些就能够成为你炫耀的资本了吗？

谦虚使人进步，骄傲使人落后。你的能力再强，在职业生涯中也应该小心谨慎，强中更有强中手，倘若哪天来了个更有能力的员工，那你一定会成为别人的笑料。若是哪天老板暗地里给你发了奖金，你就更不能在办公室里炫耀了，只怕在你得意忘形的同时，早已有人在一旁嫉恨你了。

4. 办公室里闲谈莫论他人非

女性朋友往往喜欢谈论是非，不过要切记一句古训“闲谈莫论他人非”。在办公室里最好连别人的好处也不要说，因为你不知道你表扬的那个人是不是正是你倾诉对象的敌人。不要相信办公室里有真正的友谊，一起和你吐苦水的“手帕交”可转身就会把你的话报告给上司；不要把自己的安全感建立在对同事的完全信任上，除非你们已经经历了两肋插刀的考验。

说话要分场合，要看清对象，要把握分寸，最关键的是要得体。不卑不亢的说话态度，优雅的肢体语言，活泼俏皮的幽默语言……这些都属于语言艺术。相信你善意的包容、巧妙的暗示、委婉的请示一定会为你开创出一个更加宽松的人际环境，从而使你的职场生涯更加顺利。

女人包容心语

办公室就是一个社交场合，职业女性天天工作在这个社交场合中，对自己的言行需多加注意。不要说长道短、言语刻薄，要顾及到别人的感受，你才能受到别人的欢迎。

学会用“距离”产生美

有一句话常被我们提起：距离产生美。

距离，既是自由的保障，也是安全的保障。行车有车距，处世亦有距，就连在公共场所，也要和他人保持一定距离，不要贴得过紧。银行储蓄口、机场检票口，都设立了“一米线”，就是用距离把人群间隔开来，以保障人们的隐私和安全。

现代社会的发展，带来个性化的发展，人在超越时空距离的同时，却又小心地保持着彼此之间的距离。每个人都喜欢有个属于自己的空间，不受他人侵犯。“离我远一些”，是距离的要求；“给我一点儿自由”，也是距离的要求。的确，与人相处，靠太近了，彼此没有秘密，既失去了神秘感，又失去了吸引力，容易相互厌倦，也容易相互摩擦，产生矛盾。如果相互离得太远了，就是隔膜、障碍，又容易相互淡忘，变得生疏。就好像对一些太容易得到的东西，我们往往不懂得去珍惜；而对得不到又有机会得到的东西，我们会期待着去争取。

与爱人的相处就像我们赏花一样，站的越近就会看到其实每一朵花都不是很完美的，但是如果离景物有一点距离的话会觉得花儿还是一样看得很清楚，而且因看不到污点反而会觉得花儿更加好看。与男友在彼此的私人空间里待久了，都会觉得腻味，太远了又会让他人趁虚而入使你们的情感出现危机。所以对于女人来说，能否巧妙地运用好与爱人相处的距离，让你们的爱情时时保持新鲜感，也是一门艺术。女人需要花时间、花心思去摸索与人相处的距离，恋人之间的亲密距离，夫妻之间爱的距离，男性友人的“安全距离”，把握得好，就是一种美，一种艺术。

在此之前，也得注意把握好几项基本原则，自然会事半功倍。当女人与男人上演爱情故事的时候，她会吊足了男人的胃口，始终把她与男人之间的距离把握得很到位，如同一场拉锯战，你进我退，你退我进，既不会轻易让男人得逞，也不会让男人掉头走人。因为女人知道一点，在男人心口中，越是得不到的东西就越有诱惑力，他会越执著。

女人会珍爱自己，她是最顽强的守卫者，自己的阵地只允许男人觊觎，不允许男人踏入甚至攻城略地。

不管在心中多么中意一个男人，她也绝不会让其轻易得手，因为她知道在男人彻底地拥有她之前，适当的反抗只会让男人更加雄心勃勃，而不会让男人舍她离去。

她知道，在女人面前，男人都有征服女人的欲望，女人越难征服男人就越想征服。女人也知道，当男人开始想征服她的时候，男人已经被她征服了。

每个人都是一个独立的存在，即使是同床共枕、携手一生的夫妻，你侬我侬，也并不是真的就融为一体、不分彼此。聪明的女人总会为自己保留一片独立的天空，那是完完全全属于她的领地，任何一个男人都不得闯入。

有时候，神秘也是一种浪漫，极度的好奇与刺激都会引发异样的热情。这是女人的聪明，也是女人的狡猾。

面对心爱的男人，女人多半会静静地观察他，男人的优点、男人的缺点都会尽收眼底、了然于心。她可以睁一只眼闭一只眼地看着男人去犯错误，她可以不去作任何追究，因为她知道，如果男人的心属于她的话，走得再远也会知道沿原路返回来。而她，只要在原地等待就可以了。这类女人永远不会去大吵大闹，她知道那样会亲手把男人逼走。

女人在一生中不同的阶段要扮演不同的角色，完成不同的角色所承担的任务。谈恋爱的时候，她是温柔的女朋友；结婚之后，她是贤惠的妻子；生育之后，她是称职的母亲；子女成婚生育之后，她又成了慈祥的祖母、外祖母。这种自然的变幻给女人笼上一层圣洁的光环，“可远观而不可亵玩焉”。

“一日不见，如隔三秋”，距离酝酿了温柔缠绵的思念之美；“君子之交淡如水”，距离培育了清纯牢固的友谊之美；“花非花，雾非雾”，距离造就了朦胧凄清的意境之美；“但愿人长久，千里共婵娟”，距离创造了浪漫之美。

女人在日常的工作生活中，懂得与同事、朋友，甚至爱人保持适当的“距离”，不仅是必要的，而且是必须的。每个人都有自己的隐私，需要有一片属于自己的心灵空间，而这个空间不需要你进入。

懂包容的女人也常常是善用距离产生美丽的女人。她们“知淑”、“达礼”，从不冒然侵犯别人权力，侵占他人私有空间。从这个角度来说懂包容的女人同时也是个懂心理的女人，她们在与人交往时常有一种敏锐的觉察力，这使她们能够做到自觉地进退，细致地关怀，从而成为工作与生活中备受欢迎的女人。

女人包容心语

看来，与他人友好相处也不是一件容易的事情。每个女人都希望自己处在一个良好的关系环境中被关爱与被尊重。女人们需要学会合理运用距离效应，用包容之心既给他人适度的空间，也给自己留下腾挪的余地，这是女人心灵智慧的一种体现。

不要让你的爱成为他的包袱

女人如果不懂得经营婚姻，不懂婚姻的精髓在于沟通和协调，秉承中庸之道，男人就一定无法回应，无法体谅，家里渐渐将被杂音弥漫；女人气势汹汹，男人一定委靡不振，身体受到摧残，精神受到压抑。

女人们常常将心中的爱变成强烈的占有欲，并演化成永不停息的家庭风暴，让男人们望而生畏。在女人机敏的控制下男人们渐渐失去了本该拥有的自由的天空，成了爱情的牺牲品。回过头来还要极尽所能讨好女人，为家庭殚精竭虑。

女人们其实想错了，男人们之所以怕老婆，不是为了逃避，而是一种理解与宽容，更是一种深情的爱。

许多女人总觉得让丈夫凡事都依着自己，百依百顺才能放心。

其实管住他的人，管不住他的心，心只有在自由的前提下才能具有真爱的能力，过多的束缚只能是作茧自缚，终将适得其反。

其实管也是要有方法的，相信大多数男人一定会恼于出门片刻就频繁响起的手机铃声，一定会恼于斤斤计较、刨根问底的责难。“管”其实是一种做人艺术，是在无形之中针对丈夫的脾气与性格采取潜移默化的影响。一位哲人说过：“在一个家庭中，最可怕的是妻子拥有丈夫的躯体，而他的心早已离去……”从社会和心理学的角度来分析，“妻管严”实为一种病态的反映，是家庭生活的一种腐蚀剂，也是背在二人感情上的一个大包袱。

婚姻专家指出，如果妻子在家庭中总是制造出一种“妻管严”的局面，大权独揽、说一不二，而做丈夫的只能唯命是从，谨小慎微，从表面上看妻子将丈夫控制得很周密，但在其服服帖帖的背后却隐藏着极大的危机。它很可能会使丈夫成为毫无进取心的庸人，而且能引起丈夫的逆反心理及心理变态，甚至引起家庭关系破裂。

曾经有这样一位妻管严的丈夫，一次在朋友家跳舞回来晚了，妻子在家早已严阵以待，回家后即被盘问一直到凌晨两点。事后还深入群众，在同事中做了调查：舞会是否关过灯？开的是几支日光灯？跳的是什么舞？最后丈夫火冒三丈，忍无可忍，提出离婚，理由很简单：我要活得轻松点、自由点。

因此，聪明的妻子“对付丈夫”一定要讲些策略。不管用微笑，还是用眼泪，不管用撒泼，还是用撒娇，一定要站在对方的角度考虑一下，拥有一颗包容之心，否则长此以往，老公的心可就会从你身边溜走了。

当然，在这个诱惑满街的世界，不是所有的男人都有柳下惠的定力，女人如果动不动就河东狮吼，一有风吹草动就动手动脚，不惜以死相威胁，把男人盯得死死的，只怕他难以忍受，为了“自由”，只会离你越来越远，因为女人并不是唯一的太阳，行星也会脱离轨道。

女人包容心语

男人因为有了女人才有了家，家是世界上最温暖的地方。没有一个男人不恋家，只要你的家充满理解，充满温馨，让丈夫在这里得到充分栖息，没有哪个男人会放弃自己的家，如果真有那些不想回家的男人，你死死抓住，就能拥有吗？因此，作为女人无须患得患失，总害怕失去。给丈夫一个“放心”，好好充实自己，丈夫会更爱你。

第六章 包容是给自己机会

人与人的频繁接触，难免会出现磕磕碰碰的现象。在这种情况下，学会大度和包容，就会为女人赢得一个绿色的人际环境。要知道，“人非圣贤，孰能无过”。因此，不要对别人的过错耿耿于怀、念念不忘。生活的路，因为有了大度和包容，才会越走越宽，而思想狭隘，则会把自己逼进死胡同。在处世中不搞唯我独尊，不要把自己的观点和行为强加给别人，要尊重别人的选择。女人要知道尊重别人就是尊重自己，宽容别人，才会给自己带来广阔的天空。

真挚的友谊需要宽容来维护

有人说，有多少朋友就有多少扇窗子来帮你看世界。对于一个女人来说，亲人不能永远陪在你身边，当爱情也因太多的附加条件而变得失去了它原本的纯真时，唯有真挚的友谊不受名利趋使，也不像男女之情那么容易受非理性成分的困扰。你高兴时朋友陪你一起庆祝，你失落时朋友为你忧伤叹息，狂乱的雨夜，虽身在异乡，电话中却传递着温暖的友情，那一句句低低的倾诉，滋润着心灵，外界的风雨如同背景音乐般，且淡且远。

有时候多年的好友重新相见，就如同又见了已逝的那一段岁月还有岁月中的自己，有一点点感伤，有一丝丝欣慰，那份亲切无可比拟。也许你们一起翻过了太多的日历，彼此见证了太多的成长，而今又都成了各自的一面镜子，从中照出了往昔的酸甜苦辣，也照出了年华流逝的无奈，与成长后的喜悦。

在成长的道路上，我们总会遇到曲曲折折、坎坎坷坷。灿烂的阳光下，也有阴暗的角落；和风日丽的天空，也会有乌云飘来的时候；巨轮航行在大海上，经常会遇到狂风恶浪的挑战；车辆奔驰在大地上，经常有高山大河的阻碍。在你的朋友们中，也会遇到形形色色的人，或善解人意，知书达理；或心胸狭窄，蛮不讲理；或愤世嫉俗；或冷静沉着……

女人要做到宽容并不容易，需要有广阔的胸襟。当你被朋友误解时，应该主动进行解释，否则事移、时移，即使得到了宽容也不复从前了。真挚的友谊既亲密又脆弱，容不得半点沙子，尤其对于相对敏感的女孩子来说，做她的朋友一定要细心地呵护好她脆弱的心灵，给她支持与尊重。

当你的朋友不小心伤害到了你，如果她是无意的，你首先应该与她进行真诚的沟通，如实地向她说出你的感受，如果你的朋友从你的讲述中获得了同感体验，那么她就会认识到自己的错误，主动与你道歉，这时的你更应该以一颗宽容之心维护你们的友谊，不能赌气，使小性子，要知道长路漫漫，友谊难觅，爱情可以消逝，友谊却是女人一生的财富。

荀子曾经说："君子贤而能容罢，知而能容愚，博而能容浅，粹而能容杂。"西谚曰："世界上最宽广的是海洋，比海洋更宽广的是天空，比天空更宽广的是人的胸怀。"这里讲的就是宽容为怀的道理。宽容是一种博大的胸怀，是一种崇高的美德。

宽容为怀是解决问题的最好途径。待到你的勇敢战胜了一个个困难，你的慎重一次次避免了失误，你的真情融化了别人心头的坚冰，你的灵活使大家化险为夷、转危为安，你的让步给双方带来了广阔的天地，你的朋友便会更加理解你。

珍贵的友谊需要宽容，需要理解。宽容是催化剂，可以消除隔阂，减少误会，化解矛盾；宽容是润滑剂，能调节关系，减少摩擦，避免碰撞；宽容是清新剂，会令人感到舒适，感到自信，感到世界的美。

漫漫人生路，知心者有几？当你失落时……请让我陪你一起走过。学会宽容，让我们用心去呵护那份友谊吧！

女人包容心语

身为女人一生中能有一两份这样真挚的友谊，实在是一大幸事。然而人与人之间的关系是如此微妙和敏感，特别是对于心思细腻又颇重感情的女人来说，即使是多年的友谊也需要你时时以一颗宽容之心来维护，否则因为一些偶然因素失之交臂，会让你追悔莫及。

多一点包容就多一分快乐

生活中，一些女人留给别人的印象往往是苛刻的，对别人的一点小错不依不饶，这种情况很糟糕，女人应该学习以平和宽容的心态去面对生活，因为宽容的女人才是聪明美丽的。

生活中，我们总是对自己很宽容，对别人却很不谅解。自己起床迟了，我们会说昨晚工作太晚；自己骑车撞了人，我们会说没留神；自己闯红灯被交警撞了个正着，我们会说要赶时间忘记看红灯了……

相反，对别人就大大不同了：别人犯了错误，我们会长时间地揪住不放；别人长了工资晋了职，我们会背后抱怨这小子有什么能耐；别人娶了个漂亮老婆，我们会想就这烂模样，真是“鲜花插在了牛粪上”……

我们就是这样生活，日子就这样一天天过下去，然而我们是否会感到自己活得很累呢？由于对自己的过多宽容，导致我们将错误一犯再犯；由于对别人的抱怨，我们再也看不到真诚的笑脸，而只是一张张神态各异的假面。我们又开始埋怨起来，埋怨生活如此的冷漠乏味且沉重不堪。然而这一切又能怨谁呢？倘若我们能从黑暗的谷底走出来，用一颗宽容的心去看待周围的人和事物，我们就不会如此沉沦失望了吧！

学会宽容别人的缺点，缺点是每个人都有的；宽容别人无心的过失，那常常是他们也不能主宰的。宽容使你学会了如何去欣赏别人，也使别人学会了如何来欣赏你。

学会宽容，却不要对自己的缺点错误宽容，只有不断发现并改正它们，你才能不断地提高自己，让别人更加欣赏你。

当然，宽容并不是无原则的，它是有底线的，宽容并不等于懦弱，我们是在用爱心净化世界，而绝不是含着眼泪退避三舍。宽容不是天平一端的砝码，维持着不断被打破的平衡，而是人世间永恒的爱与被爱。投之以李桃，报之以琼瑶，把宽容插在水瓶中，她便绽出新绿；播种在泥土中，她便长出春芽。学会宽容吧，互相宽容的朋友一定百年同舟；互相宽容的夫妻一定千年共枕；互相宽容的世界一定和谐美丽。

我们来到这个世界上有两大使命：一是丰富世界；二是完善世界。用宽容这个武器，可以化解这世界上的一切矛盾。不懂得宽容的人需要先从自身找原因。

相传古代有位老禅师，一日在禅院里散步，突见墙角有一张椅子，他一看便知有位出家人违犯寺规越墙出去了。老禅师也不声张，走到墙边，移开椅子，就地而蹲。少顷，果真有一小和尚翻墙，他在黑暗中踩着老禅师的背脊跳进了院子。

小和尚双脚着地时，才发觉刚才踏的不是椅子，而是自己的师傅。小和尚顿时惊慌失措，张口结舌，但出乎他意料的是，师傅并没有厉声责备他，只是以平静的语调说："夜深天凉，快去多穿一件衣服。"

我们可以想象听到老禅师此话后，他弟子的心情，在这种宽容的无声教育中，弟子不是被他的错误惩罚了，而是被教育了。

“夜深天凉，快去多穿一件衣服。”轻轻的一句话，看起来很容易说出，但具体落到我们每个人身上，也许就不容易了。不容易就在于我们常常认为宽容是一种软弱，是一种妥协，是一种对他人的纵容。其实，一个懂分寸的人是不会被纵容的，每个人都有他自己的尺度。而真正的宽容来自一个人内心的力量。人到中年，尤其是女人，不如意的事情时时都有，这就需要用一种宽容的心态去面对才会让心中充满快乐。

那么怎样才能拥有平和宽容的心态呢？

（1）用谅解的态度去对待别人

在为人处世之中，度量的大小将直接影响到人与人之间的关系能否顺利发展。有句俗话道：“千人千思想，万人万模样。”这就是说每个人都有自己的思想，对事情各有不同的看法。人与人的交往，难免会产生一些矛盾，另外，一时的误解也会将双方置于矛盾的境地。

因此需要你以谅解的态度去对待别人，这样便可以赢得时间，使矛盾得以缓和。相反，一个人如果度量不大，经常为了自己的一点私利，与对方斤斤计较、争吵不止，结果只能使矛盾愈加深化，伤害了感情，影响了友谊。

（2）容许别人犯错误，也容许自己改正错误

天下没有完人，即使智者也会有犯错误的时候。因此，你不应该因为别人的一次过失，便看不起他，甚至在内心将其置于一种“永不超生”的境地。在别人犯了错误，尤其是涉及你的利益时，能否以一种宽容的态度来对待，是衡量一个人素质的标准。宽容别人

的错误，使其有更多改正的机会，你也会因此变得更加充实。当然，你也不应该因为自己一次过失或失败，便内疚不堪、自怨自责。人都是会犯错误的，只要能够从错误中吸取教训，及时加以改正，这也算是一种幸事。

（3）不要轻易猜疑别人

猜疑是制造矛盾的“凶手”，无端的猜疑，不仅会影响到你人际关系的成败，还会对自己做事原则带来负面的影响。

（4）不要在内心埋下怨恨

当你在工作上遭受别人算计的时候，你的内心一定充满对那些人的怨恨，甚至是绞尽脑汁想办法来进行报复。这个时候，你的胃口、睡眠和身体的免疫力都会受到一定损害。如果对方知道了这些，他们一定会愈加幸灾乐祸。因此，不要给自己埋下怨恨的种子，那样你会损失更大。

（5）在生活中不苛求事事如意

因为你不是万能的，所以你有优势的一面，肯定也有劣势的一点。你有绘画的天赋，并不意味着你在体育方面也拥有强势。你不能苛求自己事事都成功出色，在自己希望的园地里耕耘，弹奏自己的音符，这才是最明智的选择。

女人包容心语

女人不仅要宽容别人，也要宽容自己。宽容别人，你得到的是真心的理解与尊敬，而宽容自己则会让你的生活温暖而幸福。

将人际矛盾在24小时内解决掉

现在很多公司内部的人际关系都非常复杂，即使你久经职场也难免会蹚进“浑水”里面，将自己陷入尴尬之境。工作是生活的主要部分，为了不让人际矛盾影响到自己的正常生活，女人要学会及时化解，否则积怨越深，矛盾越尖锐，会给自己带来不利。

不论在什么样的公司工作，都会或多或少地遇到人际关系的问题，所以，采取换工作的方法并不是解决人际矛盾最明智的办法。而最明智的方法就是去适应环境，而不是让环境来适应你。

当你与他人发生矛盾的时候，女人首先要分析矛盾产生的原因，不要置之不理，任其发展下去。逃避不是办法，关键是头脑清醒，坚持自己的原则。谨记：只要不涉及原则的事怎么都成；涉及原则的事，一定要正直公正，就事论事。

有些女人在新到一个公司时，为了融洽人际关系，百般讨好他人，有求必应，久而久之，将公司的一些散乱杂事都揽在了自己的名下。同事们不但更不拿她当回事，这些额外的工作还给她带来了不少的麻烦，许多事情处理不当的罪责都指向了她，而且也影响了自己分内的工作，同事关系每况愈下，领导也会认为她做事没分寸，不再委以重任。

适应环境并不是要你改变自己做人的原则，而是使自己变成一个在工作感情上的“中性人”——既不特立独行，也不阿谀奉承，这才是保护自己并且和同事维持良好关系的好办法。

有时候，几句私下的谈话，十分钟的全体会议，甚至是半个小时的午餐时间就可以解决你在工作中遇到的人际矛盾。既然如此，那就尽快去采取行动吧！千万不要把事情拖到第二天，因为明天还有很多事情要做，早点解开心中的疙瘩，能让你的工作开展得更加顺利。

保持积极的心态与人进行沟通，让别人知道你正在为这件事努力，它在你心中很重要，那样即使你做得不是很到位，也会为你拉来不少的选票；而你的逃避和置之不理很可能会更加激化矛盾，让事情一发不可收拾，这样将很不利于你今后工作的开展。尽管事实上你不是高傲的人，只是有些不愿意认输罢了，然而这样做，还是会给人一种孤傲的感觉，很难得到大家的理解的。及时解决你在工作中遇到的人际矛盾，别让一时的懒惰和疏忽影响你的职场形象及地位。

女人包容心语

在工作中遇到人际问题时，在最佳时间段适时地伸出你友好的双手，或者哪怕是一个善意宽容的眼神都会让对方体会到你的理解和宽容，如果问题是出在自己身上，就要主动向对方道歉，说到底，为自己赢得一个愉悦的工作空间是每一个女人的愿望。

十全十美的爱情在哪里

生活中有些女人或许是受影视剧中虚幻爱情故事的影响太深，不知从什么时候开始，荧屏上那些高大轩昂、浪漫多情的男主角成了她们的梦中情人，并且发誓一定要找到这样的男人。于是她们看现实中的男人一个比一个不争气，要么长得不够帅，要么不够浪漫，要么穷得叮当响，要么学识不够丰富。尽管如此，有的女人还是固执地坚持着，用她们的话说就是：感情的事怎能凑合。

殊不知，这个世间没有什么是完美的，更何况各人眼中完美的标准也不同，一味较真的最后结果只能将自己套入自制的樊笼里。要知道绝对的爱情只有绝对的人去演绎，不完美是人的本性，真正的完美只能在童话的世界中去寻找。

正因为有这种心态，使许多“聪明”的女人，锲而不舍地建造她们不切实际的空中楼阁，这些女人无法控制自己，她们幻想会在某时某处，猛然间发现那个他。

她们不停地恋爱，不断地舍弃，最后成了大龄女孩，仍然不放弃这种无望的追求。

例如：一个现在已经30岁的女人，她还在找理想中的男人来与她共度人生。她把未来的男人设想得非常清楚，甚至可以细腻地说出这个男人的许多长处，如温文尔雅，机智幽默。她一面继续等待这个男人，一面和一个已婚的男人若即若离。

还有一个28岁的女人，她认为自己的感情和聪明才智远远超过她遇到的男人。她的男朋友，无论多么风趣、机智或体贴，都被她拒绝了。因为这些男人身上多少都有一些不尽如人意的缺点。一个感性而又敏感的男人和她相处了一段，她觉得他脆弱、缺乏安全感而提出分手。另一个深深吸引她、使她觉得很开心的男人，在几个月后，她以缺乏想象力的理由和他宣告分手。她这种对男人过分吹毛求疵的态度，使她失去一个又一个男人，但她并不承认自己太过分，她只承认自己是一个知道要什么样男人的女人。实际上，这是一个聪明反被聪明误的女人，她的聪明并没有达到绝顶，只是半桶水，却使她失去了宽容和耐心。她具有的这种貌似聪明的特质，使她变得自以为是，使她讥讽嘲弄男人，逃避现实，最后变得不可理喻。

还有一个表面看去温柔软弱的女孩，她的初恋很不幸，那个男人考上一所高校以后离开了她。她因此病了很长一段时间，几乎精神崩溃。现在，她也和几个男人有过恋爱，但她为了保护自己，为了不再受到类似初恋的伤害而不停地挑男人的毛病。表面上，她否认自己是在找一个完美的男人，她也认为自身条件不够。但是，在她不断否认的背后，却从来也没有停止对符合她标准的男人的寻找。她不承认有追求完美男人的意念，但这种意念却越发强烈。她既害怕又失望，最后和那些失恋的女人一样，把追求完美男人的希望藏在心里，并作为她未来的人生目标。最后她变得神经兮兮，越来越顽固。

这些人之所以不如意，是因为她们缺乏对自我的正确判断，她们过高地凭借想象来要求男人，而她们要求的男人，在现实中属于稀世珍品，可遇而不可求。

想拥有美满的爱情，女人就必须抛开灰姑娘的梦想，放弃不切实际的期望，学会发现、欣赏对方的可爱之处。现实一点，幸福并不遥远。

赵婷年近30，还没有交男朋友。她条件不错——白领，优雅、漂亮。她的至今“单恋”让她的家人非常迷惑不解，却又十分着急，仿佛天底下最大的事就莫过于给她找男朋友了。于是老妈、老姨，每一个人都在为她物色对象，大有不把天下优秀男士搜刮殆尽就不罢休的架势。

赵婷则乐意享受眼前走马灯似的“花景”，只是她始终抱着赏花的态度，从未动过芳心。

赵婷享受单身生活，没事干的时候，就喜欢一头扎进厨房烹饪各种美食，再把自己打扮得整整齐齐地享用。

老妈一如既往地把甲乙丙丁带到她那儿去蹭饭，实则当然是相亲。

那些男人中也不乏精英分子——事业有成型、一表人才型、家境殷实型、风度翩翩型……他们吃完饭后都坐在沙发上侃侃而谈，夸赵婷做的菜好吃，夸她长得漂亮。然而，赵婷却一个也看不上。

有一天，赵婷的妹妹带来一个蹭饭的男人。这个男人虽长得眉清目秀，但从他坐在沙发那头的拘谨来看，此人比前面来的那些天南海北侃侃而谈的人逊色不少。赵婷对他的不自然不加理会，仍旧热情大方地给他递了筷，盛了饭。妹妹在旁边不停地介绍小伙子的情况。原来他是一名程序编写员，虽然收入不菲，但终究不是一个做大事业的人。

吃完饭后，那个男人跟赵婷进了厨房。他说，你做了饭，就该由我洗碗。说得那么自然，没有殷勤也没有做作。赵婷说，好吧。她为他系上围裙时，嘴角浮起了一抹笑。和以前那些只会在沙发上看她忙碌，嘴却不停地夸她的男人相比，这个男人，让她感动许多。

后来，赵婷和这个男人结婚了，生活得很幸福——他们会一起上市场买菜，会花上半天的时间在超市散步，为买一件用品吵个不停。赵婷也可以打着饱嗝靠在沙发上看电视。这种带着烟火味的生活，才是一个女人应该享受的。

无论是生活中还是事业上，有很多"完美"并非是追求就能得到的。其实，沉迷于"完美"的女人，本身也是不完美的。因为"完美"是抽象的、相对的，不像生活那么具体、五彩缤纷。

哪个女人不希望自己是童话里的白雪公主，有一天被一个骑着白马的英俊王子拥上坐骑，再献上一颗如传说中的海洋之星，对自己说："任何海洋之星，也比不过你眼中的那颗星闪亮。"但是，现实就是现实，现实中的伴侣是需要柴米油盐的，如果你把这定义为琐碎俗气，而把梦想放在不切实际的童话里，你的爱情就注定会是悲剧。

女人包容心语

人生不可能完美，任何追求完美的女人，都是在做一个不可能实现的美梦，当梦醒的时候便会感到痛苦、无奈。只有走出这种追求完美的心境，努力适应现实，乐观面对人生，你才能真正快乐起来。

送走那些美丽的过往

在你刚刚收获爱情的时候，就有无数人未雨绸缪地提醒你：感情的事切不可勉强，你跟小鸡啄米似的点头说：这个我懂！可有一天曾经相爱的那个人离你而去的时候，你为什么还要伤心欲绝地问：为什么？

其实在感情的世界里，没有太多的为什么。爱了就是爱了，不爱了就是不爱了。爱本身没有什么道理，也并不需要什么理由。如果他决心要走，就让他走吧，你要做的就是放下这段情，送走那些美丽的过往。

虹是个读大三的女孩。在大二快结束的时候，她最爱的男友通过QQ告诉她，他已经喜欢上别人。虹无法形容当时的感觉，只记得自己双手停滞在键盘上，脑中一片空白，没有记忆没有表情，傻傻地盯着电脑屏幕足足5分钟。然后迷迷糊糊地结账下机，疯一般地向宿舍冲去。

没过多久，虹再次跑去上网。她偷偷地打开QQ，每看一眼好友栏上他那个憨憨的企鹅头像，心便不可抑制地疼痛。是因为用情太深，还是繁华落尽的惘然？虹知道她需要用一段长长的时间来埋藏这一段记忆，她必须销毁一切和他有关的记忆。虹删掉他的QQ号码，删掉了他的手机号码，销毁自己的id，更换自己的手机号码。

虹还扔掉了他送给自己的一切礼物，企图销毁一切与他有关的东西。虽然虹的心里有很多不舍，但她仍强迫自己那么做。

做完所有的一切，虹告诉自己现在他已经被彻底清除，是一个与自己无关的人，不论他是幸福还是悲伤都与她无关。然而虹却发现，她根本做不到。删去了id，却删不掉记忆。他的手机号码、QQ号码都已经印刻在她的心里，强迫自己忘记，反而让她更痛苦。失恋的事实已无法改变，该发生的还是会发生，生活不是由记忆决定的。

那以后，虹尽量让自己平静地去生活，爱惜自己，不做任何伤害自己的事情。终于，那印刻在虹心里的QQ号码也淡淡散去，其实它早就失去了存在的意义，只剩下一点仍留有余味的东西，在虹最后的祭奠中消失。

正如一首歌中唱道："别管以后将如何结束，至少我们曾经相聚过。不必费心地彼此约束，更不需要言语的承诺。"做到这么潇洒固然不易，却也实在不必悲悲戚戚或者咬牙切齿。

一位女性朋友，她被卷入了一场不伦之恋，迟迟不能走出这个其实对她来说已经是苦远多于甜的沼泽。她说："我忘不了他曾经给过我的那些浪漫、深刻的爱。"

当爱远走，无论它是发生在自己或者对方身上，放弃和放手都是唯一的出路。因为无法放弃曾经有过的美好感觉，无法放下曾经拥有的执著，就会让更多痛苦压在自己的肩上、心上；让自己和对方一起在痛苦中煎熬。能否惩罚对方还是一个未知数，而自己却绝对是被惩罚最深的一个，因为你剥夺了自己重新开始享受快乐和幸福的可能。

舍得放手让爱远走，很多时候并不是一件很难的事，只不过是周围的舆论环境、财产的划分等可能拴住了你。但是，这却是唯一的方法。否则，我们就会处在无解的痛苦、气愤和沮丧之中。

所谓舍得放手的艺术，并不单只在爱情消逝的时候存在。事实上，当爱情还在的时候，就懂得放手的智慧，往往是更积极的治本的方法。

如果仍然惦记着“为什么”，这里倒是可以给10个理由，让你细细品味：

（1）得不到也是“福”

心理学中有一种升值规律，即越是得不到的东西，越是朝思暮想。这或许就是许多人不能放手的原因吧。但你可以回头想想：当拥有他时，你是否曾感到自我空间被严重束缚，压得喘不过气来，不能做自己想做的和应该做的事情？是不是也曾感到很累，觉得被爱改变得太多，甚至丧失了原先的自我呢？终于，有一个机会让你回到单身，那就好好休息一下吧，重新体验一下单身的自由生活，因为，以后的婚姻将是一辈子永不休止的牵挂。

（2）“珍藏版”最可贵

失恋了，你总在怀念和他在一起的快乐时光，就连吵架也成为一道风景。没有痛，哪会知道快乐的滋味呢？从此以后，他的画面在你的脑海中定格，始终是那么完美，没有缺点——放手吧，留一个对他的美好的记忆。

（3）“吃一堑，长一智”

分手了，也许是由于你某个方面做得不好，或你所给予的不是他所需要的。许多失恋的人回首想想，都有一种感觉：其实我不懂爱情，不懂得如何去爱我爱的那个对方；现在，我知道了，如果再给我一次机会，我会……

其实，伊人虽去，你仍会为自己的长大而“不虚此行”。吴淡如曾说过：成长是人生唯一的希望。这个“唯一”已经有了，你又何必绝望地去看待一切呢？继续重温过去已没有太大意义。况且，“失败是成功之母”，你可以从失恋中学到许多，你不就拥有了更多的爱情砝码吗？

(4) 这不是最重要的

失恋，从某种程度上来说，是在拯救你自己。你是否曾有过这样的想法：拥有了他，拥有了这份爱情，好似拥有了整个世界，我宁愿放弃一切……可是，爱情能当饭吃吗？被爱情冲昏了头，不亚于沉湎于网络，需知道：成功的定义不在于爱情，而在于你是否有支撑爱情的坚实基础。许多人在人生的巅峰急流勇退，何况你是在虚拟的巅峰。要学会对自己说：“哦，那不是最重要的！”只有懂得放弃的人才会获得成功。

(5) 做一回高尚的人

有一首歌词曰：“请你一定要比我幸福，才不枉费我狼狈退出……至少我能成全你的追逐……”要知道，爱的最高境界就是希望对方幸福。试想，跟你在一起，他已经不再快乐，那么给他自由吧，强扭不甜的瓜又有什么滋味呢！

(6) 毕竟曾经拥有过

“人心不足蛇吞象”，人总是对自己拥有的东西不满足：爱得轰轰烈烈的人，感到累了，总想知道平淡婉约的爱情是什么样子；爱得太平直的人，觉得太闷，总想去体验一下恋人间激情似火的感觉……

终于，你从其中的一种状态中退了出来，下回可以去尝试另一种了，有什么不好呢？比那些郁闷地吼着《单身情歌》、《蒙娜丽莎》而暗恋别人的感觉好吧？毕竟你曾经拥有过！

（7）“只选好的，不选贵的”

也许你经常会回忆你从前那一半多么帅，多么靓，多么优秀，多么好，并不断地把他与新的恋人进行比较。可是，请好好想想：从前的真的适合你吗？他的优秀是不是曾压得你喘不过气来？他的离开只能说明你们没有缘分，铆不对扣。贵的鞋穿在脚上不一定就舒服，人也一样，优秀的不一定适合你。与你走入婚姻殿堂的应该是能够陪伴你一辈子、与你和谐相处的那一个。只有跟他在一起，你们才会相伴到老，一起去回忆那“浪漫的过去”。

（8）换位思考

沐浴在爱河中的两个人，一个人不停付出的同时，却是另一个人在背后默默接受的过程。你也许曾把心都掏出来，给他安排一切。可你有没有想过：他需要这样的生活吗？如果答案是否定的，那结果便是：不仅对方有压力，你自己也会觉得委屈：怎么全是为他好，到头来，他却以“你对我太好，我受不了”而分手。

换个位置，替对方想想：每个人对爱情的追求和理解都不同，你给的一切并不一定是他想要的，你给错了，就是“徒劳”，最多只会让对方感激，而不是爱。也许你会想，如果重新来过，我会做得更好，想他所想，思他所思，可是，这样的你还是你吗？放手吧，给对方一条生路，让他去追逐想要的爱情。

（9）相信缘分

佛家云：一面之缘是500年修来的福分。想想看，你们在一起已经半年、一年、两年……那是多少年修来的福分？可是这样都不可以在一起，说明你们缘分已尽。做了那么多，都无法成全你们，再挣扎又有什么用呢？相信缘分吧。

（10）打开另一扇门

在上帝面前也许你无能为力，可是在那些默默喜欢你、痴痴等待你的人面前，你就是上帝，也给他们开扇门吧。当令你伤心的人成为“最熟悉的陌生人”时，你会遇到另一个“陌生的熟悉人”，他才是你真正要找的，是你拿着爱的号码牌等待的那个适合你的人。

如果你找到了些许平衡，接下来就不要再对往事苦苦纠缠了，爱了就爱了，把那些曾经美丽的过往放在风中，整理一下心绪，继续前行吧！看见了吗？有一个人已经在不远处等你了。

时间是最好的伤口愈合剂，眼泪是最好的清洗剂。不要沉浸在时间的黑洞里，不要溺死于眼泪的汪洋中，逐渐成熟的你对爱情应该更有信心，经历了失恋，你会更加懂得“爱”，知道如何去寻找真正属于你的另一半。

女人包容心语

不要恨你曾深爱过的人，也许他没有准备好与你过左手握右手的日子，也许他性格本身还不安定，也许他有其他你所不知道的原因，但是没关系，优秀的你没必要纠缠，没有他你会一样过得很好，要庆幸自己还多了一次重新选择的机会，投入下一次恋情，多年后你会感激他，感激他的放弃成就了你更美好的未来。

走出“小我”情结

生活中，时时见到斤斤计较的女人，在市场买菜因为一角钱也互不相让，讨价还价个没完，婆媳之间你吃亏、我占便宜，日子似乎都在这些毫无意义的琐事上你争我嚷地消磨下去。永远都在争长短，又永远都争不出长短。

女人不但要走出生活中的“小我”还要走出心灵中的“小我”。有一些天性敏感的女人，时时徘徊在敏感的旋涡里。今天领导的一个神色不对，明天老公的一句失语，都会使她们不停地探究下去，纠缠在心灵之网中仿似受到了极大的伤害，总之，无论发生了何事，都会在她们心里无限扩大，从而引起心灵的强烈震动，并以各种发泄渠道表现出来。

女人心灵中的这种“小我”心理是如何形成的呢？

爱克哈特说：“小我的灵魂必须使自己死掉。”许多人的内心深处都有一个紧缩着的“小我”，无论有任何异动，“小我”都能首先做出反应，并以自我保护为出发点产生阻抗心理，心理反应严重的还会将其泛化，表现为性情孤僻、自我贬值，有的则喜怒无常，行为夸张。

其实那个紧缩的“小我”不过是人们心灵深处的无常而短暂的感受罢了，并不是一个真实的、坚固的实体，如果女人们明白了小我竟然是这么的“空无”，就会停止认同它、护卫它、担忧它。如此一来，女人们就摆脱了长久以来的痛苦和不快乐。

人的情绪不是由于某一件事情直接引起的，而是因为经受了这一事件的人对事件的不正确的认识和评价，形成了某种信念，在这种信念的支配下，导致了负面情绪的出现。与魔鬼搏斗的人，应当留心这个过程中自己不要变成魔鬼；当你长久注视情绪的深渊时，深渊也正在注视着你。有人说，对一点小事就做出强烈的反应是说明内心深处受到过极大的伤害。所言尤是。由人生经历中的一些事件对自我造成过很大的伤害，使自我的一部分与周围割裂从而迷失或紧缩起来，这让女人的神经时时处处紧绷着，活着变成了一场承受与抗争。

还有一种敏感心理的生成来自于女人们天然的对于真爱的向往。由于她们非常渴望被关心、关注、关爱，所以身边的异性朋友常常是一个微笑、一个眼神、一句关心，甚至只是一句很平常的话语都会引起她很大的情绪波动，以至于夜不成寐，浮想联翩。这种表现常常来自于童年里缺乏爱的经验，或者是成长中的情感创伤。所有这些经历使得她们更加强烈地需要寻找一位能够给他带来安全感的伴侣，以冲淡个人生存所带来的恐惧感。

其实真爱是令人心痛的，真爱能让人超越自我，全然开放，因此有时真爱也能带来彻底的毁灭。事实上，我们的不安全感是来自于我们的内心，也就是心灵中分裂的自我在作祟，没有谁能够带给我们真正的安全感，女人如果抱着这种心理去寻找爱情那么伤害将永无止息。其实我们每个人都有自治的能力。探索心灵深处的自我，倾听内心深处的声音，让那些被压抑着的情绪自然地流淌出来，不管是愤怒、忧伤还是痛苦、恐惧，当你学会慢慢接受它们成为你自身的一部分，某些改变就会跟着发生，此时你自身就是你极大的安全感，自身就会带给你极大的爱的自足。只有我们有足够的能力去爱自己爱别人，我们才真正地成长与成熟起来。

在现实生活中，女人要想走出内心深处的“小我”，有以下几点建议可供参考。

首先，扩大自己的社交，广交异性朋友。

广泛的社交范围有助于淡化女人的敏感心理，使身心更加健康发展。同时，不同的交往类型也可以提供给我们不同的生活经验，它们能在不觉间修正我们自身对事物的偏狭看法，使我们变得更加开朗，不拘小节。

其次，不断求知，从书中汲取营养。

书中有太多的世态炎凉，太多的人情世故，女人在阅读的时候，也就如身临其境，领悟到什么是生活中值得尊重和珍惜的东西。读书的女人会真心地对待自己，诚意地对待别人，让生活的每一天都充满宁静。一个读书的女人是一所好学校，她教会人用淑雅宽仁去面对世间的一切，远离庸俗和琐屑。她们懂得，“富贵而劳悴，不若安闲之贫困”的真正含义，所以她们不和人攀比，不和人计较，生活得单纯而安然。

最后，女人要培养博爱情怀。

女人爱自己才能原谅和接受自己的不完美，爱他人才会从对方的角度考虑事情，多一分谅解和宽容。爱这个世界才能在内心深处充满感恩和赞美，使生命更加走向完满。

女人包容心语

女人们，走出你的“小我”情结，不要再缱绻、徘徊下去了。用一颗宽容之心去爱这个世界，做一个身心健康的“完整”女人。

第七章　包容是气度的宣示

一个有着包容心的女人，也是一个有气度的女人。她们行事不拘小节，不计较个人得失。她们心中有着一定的信念和价值标准，丰富的学识和人生阅历让她们更加善解人意，过人的气度使她们在无形中传递着人间温暖的和平精神，这样的女人可敬、可佩，魅力无穷。

不计较小事，体现大风度

善解人意，宽容大度，胸襟开阔是好女人所具备的品质。现代女性高品位、高质量的生活追求决定了她们一般不会在小事上斤斤计较，她们目光辽远，心境开阔，是气度、风度的一种体现。

“别为打翻的牛奶哭泣”是英国一句古代的谚语，与中文的覆水难收有几分神似。事情既已无法挽回，那就别再为它伤脑筋好了。

错误在人生中随处可遇，有些错误可以改正，可以挽救，而有些失误就不可挽回了。面对人生中改变不了的事实，聪明的女人自会淡然处之。

很多时候，痛苦常常就是为“打翻了的牛奶”哭泣，常留心间，挥之不去。本来从容、豁达，行之不难，不是什么大智慧，现在却成了社会上的稀有之物，成了大智慧，真让人三思。牛奶已经打翻了，哭又有何用呢？大不了重新开始嘛！有那么难吗？女人需要爱更需要快乐，但快乐不是拥有的多而是计较的少。

人生之中，不如意的已经太多，何不让美好的、真诚的、善意的留在心底，常怀感恩之心看待身边的人和事，笑着面对生活呢？

现代女性做事不斤斤计较，总是有能力把复杂的事简单化，简单的事单一化，用一颗平常的心热爱生活，无欲无求，宠辱不惊，这何尝不是一种快乐，不是一种满足，又何尝不是一种超然？

或许你会说“站着说话不腰疼”，但是，在人生中，有那么多的无能为力的事——离你而去的人、流逝的时间、没的选择的出身、莫名其妙的孤独、无可奈何的遗忘、永远的过去、别人的嘲笑、不可避免的死亡、不可救药的喜欢……与其悲啼烦恼，何不一笑而过？

记住该记住的，忘记该忘记的。改变能改变的，接受不能改变的。能冲刷一切的除了眼泪，就是时间，以时间来推移感情，时间越长，冲突越淡，仿佛不断稀释的茶。

如果敌人让你生气，那说明你还没有胜他的把握；如果朋友让你生气，那说明你仍然在意他的友情。有些事情本身我们无法控制，只好控制自己。也许有些人很可恶，有些人很卑鄙。而当我们设身处地为他着想的时候，才知道：他比我们还可怜。所以请原谅所有你见过的人，好人或者坏人。

说来奇怪，女人的心胸具有极大的伸缩性，这大概也算是世界之最了吧。女人的心可以宽阔似大海，也可以狭小如针鼻儿。生活中，相当一部分女人心胸比较狭小。但是，有其深刻的社会历史原因：一是长久以来的社会分工。母系氏族社会崩溃后，由于生理方面的原因，女人的活动范围被限定在了较小的空间内。二是漫长的封建社会对妇女的歧视。几千年的封建社会给女人制定了许许多多苛刻的行为规范，女人必须足不出户，女人必须笑不露齿，女人必须循规蹈矩，女人不能够上学受教育，女人必须在家从父，出嫁从夫，夫死从子。说不清从什么朝代开始，女人还必须包裹小脚。女人的思维和行动范围被严格规范在了庭院以内，女人视野的狭窄决定了其目光的短浅和心胸的狭小。

心胸狭小是很多女人的致命弱点。从小处来说，心胸狭小不利于建立和谐温情的家庭关系，不利于形成良好融洽的人际关系，不利于身体和心理的健康。从大处来说，心胸狭小不利于女性家庭地位、社会地位的提高，不利于女性的彻底解放，不利于女性在事业方面的进步和发展。

现代女性知道如何去做一个心胸开阔的女人。她们会站得更高一些，扩大自己的视野。当我们近距离盯住一块石头看的时候，它很大；当我们站在远处看这块石头时，它很小；当我们立在高山之巅再来看这块石头，已经找不到它的踪迹了。有了更宽广的视野，就会忽略生活当中的很多细节和小事。

现代女性会努力学习，做生活和事业的强者。嫉妒总是和弱者形影相随的，羸弱而不如人，便会生出嫉妒他人之心，女人应当自尊自强，用自己的努力和能力去证实和展示自己。女人为什么不能像男人那样也成为一棵大树呢？

现代女性学习正确的思维方式，学会宽容别人。和丈夫发生不愉快时，多想想丈夫对自己的爱；和朋友发生不愉快时，多想想朋友平时对自己的帮助；和同事相处不愉快时，多想想自己有什么不对；看别人不顺眼时，多想想别人的长处。

现代女性会设身处地替别人考虑，遇事情多为别人着想，关心和帮助他人。现代女性会加强个人修养，主动向身边优秀的人学习，善于取他人之长补自己之短，培养独立和健全的人格。另外，现代女性应多参加健康有益的社会活动和文娱活动。

心胸开阔、性格开朗、潇洒大方、温文尔雅的女人，会给人以阳光灿然之美；雍容大度、通情达理、内心安然、淡泊名利的女人，会给人以成熟大气之美；明理豁达、宽宏大量、先人后己、乐于助人的女人，会给人以祥和善良之美。聪明的女人，知道如何去做一个心胸开阔的女人。

女人包容心语

人一生要遇到很多不顺的事，女人同样如此。如果你遇事斤斤计较，或抱怨或生气，最终受伤害的只有你自己。林黛玉最后“多愁多病”含恨离开人世，薛宝钗得到了想要的男人。要知道，拥有包容之心的女人，才会更加幸福。

“试离婚”，给爱一次机会

许多男人经不住外界的诱惑，这是事实。不要总为别人的悲欢离合而牵肠挂肚。如果有一天，你身边那个一向被你信任有加的男人也因未能抵御住诱惑而犯下了偷情寻欢的过错，而让原本好端端的婚姻陷入危机，对此，你会有什么样的反应？

大部分的女性朋友遇到这种情况都会忍不住地火冒三丈，“一哭二闹三上吊”似乎远远不能发泄心中的怨恨，于是，“离婚”二字便会脱口而出。并且说到做到，大刀一挥，所有的情丝乱麻一刀两断。

难道离婚真的是拯救婚姻危机的灵丹妙药吗？

许多已冲出围城重获自由的离婚男女，悲哀地发现，他们冲动之下错误删除的“婚姻程序”已无法恢复。

水灵和丈夫是自由恋爱的，结婚后他们的感情一直都很好。两年后，他们的儿子出生了，需要人带，水灵便辞去工作，在家做起了全职太太。丈夫是一个能干又顾家的人，下了班就回家，实在有应酬，他也总是带上水灵，或者把去向“交代”得一清二楚。

直到有一天，水灵无意中从丈夫的衣袋里看到了“她”的情书，才知道事情的严重。当时水灵大脑一片空白，根本不相信丈夫会做出这样的事，但眼前的“情书”白纸黑字清清楚楚地展示着他们的爱情。一天的时间，水灵就那样坐在地上，手拿着“证据”，所有关于第三者的故事都汇总到她的脑海里……

晚上，丈夫回来后，水灵便愤怒地提出：“离婚！”丈夫很痛苦，他不希望跟水灵离婚，他求水灵给他一次机会。但水灵给不起，想到他与那个“她”的事，水灵就觉得“恶心”，于是，她很坚决地到法院递了申请。

很快，水灵便“如愿以偿”地同丈夫离了婚，并且争取到儿子的抚养权。之后，水灵一个人带着儿子过。没有丈夫的日子，她既当妈又当爹。为了不把大人的伤害带给孩子，她编织了一个又一个的谎言。但这只是身体的累，心里的苦更让水灵不堪重负——每当夜阑人静，和丈夫在一起的幸福时光总像过电影一样在她眼前闪回……她这才发现，自己其实还是很爱丈夫的……

事实上，水灵的丈夫也很后悔，后悔自己当初的举动。可惜覆水难收，他们谁都不愿向对方服软，拉下面子说复婚的事。

是的，就许多角度而言，离婚并不见得是解决外遇问题的好办法，因为你可以对任何人说，你不再爱自己的丈夫，你会找到更好的。但你骗不了自己，你会意识到无论你怎么生丈夫的气，无论你有多么懊恼与愤怒，你心里还是不愿意离开他，失去他。何况，城堡中的战火一旦点燃，受害最深的是孩子，有好多单亲家庭的孩子割腕、抽烟、看黄色录像，甚至吸毒，这已成了一个带有普遍性的社会问题。

所以，当婚姻发生外遇的危机时，切勿因为一时冲动而轻易地走出围城。为了最大限度地减少离婚对自己以及子女所造成的伤害，同时能给自己多一点想清楚的时间，不妨采用一个解决问题的折衷的办法——试离婚。

也许“试离婚”这个词对于许多人来说还很陌生，许多人光知道有“试婚”一说，“试离婚”为何物他们不甚了解。

“试离婚”，就是在夫妻双方都同意离婚的情况下，不急于从法律上履行离婚手续，在生活上先真正“离”一段时间，给婚姻一个缓冲区，使双方在远离婚姻生活的各种内容的环境下，体验没有另一半的生活，同时，也使双方能够冷静地对婚姻进行反思，对另一半进行再认识。不管结果是离还是不离，都给了彼此充分的考虑，这样才不草率。

从这点来讲，“试离婚”的现实意义远远超过了曾被许多前卫男女视为时尚的“试婚”。“试婚”也许会对当事人造成一定的伤害，而“试离婚”却对矛盾夫妻有利而无害。

文清与妻子感情一直很好。但婚后的第三年，问题来了，他和一个刚来公司的女大学生一块去外地出差，不能自持，和人家谈工作竟谈出了感情。事情传到妻子耳朵里，她对男人的所有美好信念顷刻间轰然坍塌。后来，尽管丈夫跪着向她认了错，声称自己是一时糊涂，还发誓说再也不会干那样的事，可她还是无法原谅丈夫，坚持要离婚。

正好赶上丈夫要出差3个月，于是，他向妻子提出建议：不如趁这段时间，先进行“试离婚”，等他出差回来后再一起去办手续。虽然妻子想马上结束这段婚姻，但想到可爱的女儿，想到与丈夫一起度过的欢乐时光……最终还是答应了。

在这3个月没有丈夫的日子里，妻子才慢慢地冷却下来，以前丈夫对她的好重新在脑海中一幕幕闪现。“要是失去了他，我的生活会怎样?”她一遍遍地问自己。她第一次感到丈夫在自己的生活中仍是那么地重要，她差点为自己的意气用事付出沉重的代价。

在丈夫出差归来的那一天，妻子约上几个他的好友，到车站去接他，就这样他们又花好月圆了。丈夫暗自庆幸：幸亏当初做出了“试离婚”的明智决定；而妻子也暗自庆幸：幸亏他出差了这3个月!

女人学会宽容是需要时间和代价的。一般说来，女人年轻时多任性计较，但在婚姻中一路走过来，慢慢地就会懂得什么叫无奈了。越美的东西越具有一种疯狂的破坏力，比如爱情，由爱产生的恨毁坏了很多人的辛苦经营。因为爱得深，产生的恨也就愈加的骇人。所以用理智与宽容来引导你的爱情，使你们婚姻的小舟顺利地驶过人生风雨，才能收获作为女人真正的幸福。

俗话说“十年修得同船渡，百年修得共枕眠”，茫茫人海，芸芸众生之中，唯独能和他手牵手走过红地毯，这缘分来之不易，怎能说散就散，说离就离，说断就断?婚姻是神圣的，美好的生活是两人共同创造的，出了问题为什么不能理性地面对?离婚并不是唯一的选择，给婚姻留条后路吧!

女人包容心语

人在冲动的情况下，很难做出理性的选择，女人如果明了这一点就应该给自己与爱人一点时间，让彼此都冷静下来，重新思考各自的生活。此时“试离婚”不愧为一个好办法，女人们注意了：有时候，退一步反而能让你看清很多步。

祛除心灵的斑点

女人都知道脸上的斑点让自己难看，抬不起头来，实不知心灵上的斑点，更让自己抬不起头来，那就是心灵上的自卑和嫉妒。实际上，生活中的女人要比男人更容易自卑，而其中一个最主要的原因就是女人间的这种带着一丝嫉妒的相互注视，它让女人觉得自己永远也没有别人好。许多时候，明知事实未必如此，可总是说服不了自己走出这种没有止境的自我折磨。这样一种永无止境的自我折磨最终只会让自己变成一个喋喋不休、心胸狭窄的女人，痛苦一生。

是否记起，某个假日的午后，你刚从游泳池上来，浑身湿漉漉的，你有些累了，但心情很好，你觉得自己充满了活力。突然间，你停住了脚步，一双光洁修长的腿出现在你的视线中。你慢慢抬起头来，看着站在你面前的那个女子。她高挑个子，长发垂及腰际，没有丝毫瑕疵的肌肤散发着一种淡褐色的光泽。她优雅地迈出浴池，轻轻甩一甩头，骄傲地从你面前走过。

天啊！你拼命忍住差点出口的惊叹，但原本饱满的自信就像被刺破的气球迅速地瘪了下去。你下意识地裹紧了身上的浴巾，戒备地遮住了自己身上并不那么完美的曲线……

你的心情跌落到了冰点。为什么她能拥有如此完美的身材？为什么她能随心所欲地穿任何一件衣服？为什么她一举手一投足都那么性感妩媚？还有，为什么你对面的同事总是能得到老板的夸奖，为什么同样一件衣服穿在好友的身上总显得比自己漂亮，为什么当年大学的好友现在都比自己挣得钱多……

在某种意义上说，妒忌既是道德上的又是理智上的一种缺陷，它永远看不见事物本身，只看见事物之间的关系。比方说，女人自己挣的工资已经足够花了，本应该感到满足，不过听说另外有个女人，而且知道她一点都不比自己高明到哪里，而挣的工资却是自己的两倍。如果你是个妒忌心很重的人，刹那间对自己已有的满足感便消失了，取而代之的是严重的心理失衡。正如培根所言："嫉妒这恶魔总是在暗暗地、悄悄地'毁掉人间的好东西'。"那么，如何来治疗女人的嫉妒呢？

对"圣人"来说，可以用无私精神来治疗，尽管即使在圣人身上，对其他圣人表示出妒忌也不是不可能的。而对于普通的女性来说，治疗妒忌的唯一方法即在于幸福，但困难也正在于妒忌本身就是幸福的一大障碍。

女人在朋友的面前必须减少妒忌情绪，其原因有以下几点：

①直接影响人的情绪和积极奋进精神。

②容易使人产生偏见，在某种程度上说，嫉妒是与偏见相伴而生、相伴而长的。嫉妒程度上有多大，偏见也就有多大。偏见不仅仅出自于一种无知，还出自于某种程度的人格缺陷。

③压制和摧残人才。在现实社会生活中，在对人才的评价和使用的过程中，时常受到嫉妒心理的干扰，使得有些人才得不到及时地、合理地使用。有位历史学家曾断言，中国社会自唐代以后开始走下坡路，一个重要的原因就是嫉贤妒能的现象日趋严重。

④影响人际关系。荀况曾经说道：“士有妒友，则贤交不亲；君有妒臣，则贤人不至。”嫉妒是人际交往中的心理障碍，它会限制人的交往范围，压抑人的交往热情，甚至能反友为敌。

⑤影响身心健康。妒火中烧而得不到适宜的发泄时，会使内分泌系统功能失调，导致心血管或神经系统功能紊乱而影响身心健康。妒忌有如此多的危害，所以，那些爱嫉妒的女性要特别注意消除自己的妒忌心理。

生活中很多女人都是如此，穷其一生都是把自己的目光集中在别的女人身上，与她们进行着无休无止的比较，从身材到容貌，从工作到家庭，从老公到孩子……比较的过程中夹杂着妒忌，比较的结果是失落与自卑。

那么，如何让自己收回嫉妒而自卑的视线从而祛除心灵的斑点呢？

①要心胸开阔，放开眼界。要知道“山外青山楼外楼，还有难关在前头”，比你强的人很多很多，光嫉妒两三个又有什么用呢？关键在于发奋努力，迎头赶上。

②要尊重别人。俗话说，若要受人尊重，先要尊重别人。要敢于正视别人的优点和长处，对于在某些方面超过自己的人要心悦诚服。

③要充分认识嫉妒害人害己产生的后果。为了攻击和伤害被嫉妒者，嫉妒者需要把自己的主要精力十分明确地投入其中，这无异于给自己的工作投放一个减速剂，结果，落后的仍是嫉妒者自己。

④要唤醒你的积极嫉妒心理，勇敢地向对手挑战竞争。积极的嫉妒心理必然产生自爱、自强、竞争的行动和意识。当你发现自己

正隐隐地嫉妒一个在各方面都比自己能干的同事时，你不妨反问几个为什么和结果如何。在你得出明确的结论之后，你会大受启示：要赶超他人，就必须横下一条心，在学习和工作上努力，以求得事业成功。你不妨借助嫉妒心理的强烈超越意识去发奋努力，升华嫉妒之情，建立强大的自我意识，以增强竞争的信心。

女人包容心语

你应该随时提醒自己：嫉妒别人就是在贬低自己，为什么要做这种傻事呢？不必嫉妒别人，把精力、时间、智慧集中起来做自己的工作，你一定也会从生活中得到自己的一份收获。

不要与他人动手，尤其是男人

女人是容易冲动的感情动物，情绪激动时难免会做出什么出格的事情来，但是要记住一点，不要和别人动手，尤其是男人。

“动手”在人们的记忆中似乎总是男人才会做的事情，然而女人“动手”却也并不罕见，不过总给人一种很野蛮的感觉。

值得女性朋友谨记的是：女性之间的“动手”尚无大碍，毕竟“杀伤力”不大。切忌和男人动手，因为，其一，打不过；其二，和女人动手的男人一定是个疯子，所以，不如不动。

同时，对于女性而言“动手”对自身的影响很大，动手会让女性温柔的淑女形象尽毁——粗鲁、没有涵养的性格将在大家面前暴露无遗。

女人，向来是美丽和优雅的代名词。因此当女人和别人发生冲突时，要学会适当调节自己的心态和情绪。动手的女人只会让人对你产生反感，即便你受到了伤害，也不会博得多少同情的。

当女人心情浮躁的时候，不妨叫你的死党来安慰一下。或者外出旅旅游，喝喝下午茶，阅读一本自己喜欢的书籍，听听动听的音乐，都能让你的心情变得舒畅。

当女人面对对手时应该从容镇定，而不是暴跳如雷，你的冷静会让对方心里没底，甚至怀疑自己的行为。

当女人被男人抛弃的时候，也要优雅地对男人说：“出去的时候请把门带上。”而不是破口大骂：“滚!”然后，整个人披头散发地扑上去，连撕带喊，那样有失风范，既然他不再爱你，也请给自己留一点自尊，否则在他的眼中更看不起你。更不要试图和他动手，因为他已经不再爱你了，他根本不介意你的感受和疼痛，别让自己再次受到身体上的伤害。

有的女人成长过程中曾受到过极大的伤害，以至于在与男友的共同生活中偶然的一件小事就能触动她，引起她强烈的反应，激动的时候，整个人都被自身的情绪控制住，脑中一片空白，即使知道不该如此，也仍然和自己的男友动起手来。殊不知，有了第一次就有第二次，行为一旦演变成习惯是会让人无法忍受的。有人说伤害你最深的往往都是最爱你的人和你最爱的人。无论你的男友怎样义无反顾地爱着你，都不会一味地忍让下去，爱一旦透支，不管是猛烈的还击还是他的毅然离去，都不会是女人最终愿意看到的结局。这样的女人让人同情，这样的结局只能让人心生无奈。

在爱里，女人要学会正视自身的问题，换一种方式和你的爱人一起共同走出心灵的困境，不要让爱在无休止的伤害与震怒中演变成一场悲剧。人生很短，不值得女人以这样特殊的方式去冒险，懂得珍惜才是最可贵的。

女人包容心语

“君子动口不动手”，包容的女人也是有气度的女人，她们往往会以理服人，以过人的气量去宽容人，绝不会在一己之力上与男人争短长，因为她们知道女人如果动起手来无论孰胜孰负，最终输了的只有自己，既输了自身形象，又无法解决问题，甚至被人贻笑大方。

与他人交往要巧妙制怒

女人在每天的生活中免不了会出现好情绪和坏情绪，但关键是如何保持情绪的平衡，而情绪控制的关键是如何处理冲动。

如果你刚穿上一件新买的高档时装出门，却忽然被身边一辆疾驰而过的汽车溅了一身污水。这时，无论是谁，遇到诸如此类的事情，都难免气愤和恼火。你开始破口大骂，脸色改变，甚至全身发抖，心跳加快、呼吸急促、胆汁增多，最后是越想越生气。

女人是感性的，其情绪特别容易被外界的事物所影响。落花、流水、枯藤等都会让她们在心中感怀良久。面对生活中那些层出不穷的麻烦事，女人最容易发怒。所以，学会控制自己的情绪对女人来说特别重要。

心理学研究表明，脾气暴躁，经常发火，不仅会增强诱发心脏病的致病因素，而且会增加患其他疾病的可能性。

女人发脾气会让自己衰老得更快，还会导致更年期的提前。而有效地抑制生气与不友好的情绪，使自己融于他人，会提高自己的修养。要知道，“生气就是拿别人的错误惩罚自己”，你会做那么愚蠢的事情吗?

当我们遇到意外的沟通情境时，如果我们不能理智地控制住自己的情绪，任由怒火肆意而来，那么很可能伤害别人，就会造成人际关系的不和谐，对自己的生活和工作都将带来很大的影响。如果学会运用理智和自制，控制自己的情绪，就能正确地处理好事情。每当你想要发脾气的时候，先在心中数十个数控制一下，如果你仍然觉得需要发脾气，那就发吧。以下是几种控制自己发脾气的办法，不妨在发脾气之前试试看：

1. 意识控制

当你愤愤不已的情绪即将爆发时，用意识控制一下自己，提醒自己应当保持理性，还可进行自我暗示：“别发火，发脾气会让自己多长几条皱纹的。”

2. **自我检讨**

勇于承认自己爱发脾气，必要时还可向他人求助，让自己从今以后克服这一毛病。经常发脾气的女人会让男人觉得不可理喻，时间长了也会让人觉得厌烦和恐慌。

当一个人受到不公正的待遇时，任何人都会怒火万丈，但是无论遇到多大的事，都应该心平气和，冷静地、不抱成见地分析一下问题，如果是对方的错误，让对方明白他的错误之处，而不应该迅速地做出不合理的回击，从而剥夺了对方承认错误的机会。

3. **推己及人、将心比心**

就事论事，如果任何事情你都能站在对方的角度想一想，那么你就会觉得没有理由迁怒于他人，气也就自然消了。

学会宽容，巧妙地控制自己的脾气，不愉快的心情也会随之消失。脾气暴躁的女性很容易让人产生反感，尤其是职业女性，会给别人一种很浮躁的印象，影响你在别人心中的形象。

温柔是女人的天性，善解人意是女人最大的优点，女人的宽容和善良能化解所有的矛盾和不愉快。

女人包容心语

女人，控制你的脾气，展现你迷人、大度的微笑，你会发现，没有过不去的坎，没有办不成的事。

自如应付同性的嫉妒

经常听到这样的话："嫉妒是女人的天性。"虽然这句话听起来有些偏激，但是，有一点女士们不得不承认，在竞争激烈的办公室里，女同事之间很容易因为各种事情而产生嫉妒。也许我们可以克制自己不去嫉妒别人，但却不能保证别人就不嫉妒我们。

职场中，如果你是一个非常出众的女人，那么你一定会感受到来自于身边同性的强烈嫉妒。她们嫉妒的范围很广，包括你的职位、工作能力，上司对你的赏识，你的外貌、衣着乃至你的家庭状况。虽然嫉妒并不会给你带来直接的危害，却会为你埋下了失利的种子。因此，当女士们在办公室遇到同性的嫉妒时，一定不要立即还击或是置之不理，而应当巧妙地应付她们，甚至将她们变成你的朋友。

那么，如何应对同性的嫉妒呢？可以采取以下三种方法。

1. 与对方共享美丽

爱美是女人的天性，这也就使得女人天生对美就有很强烈的执著。因此，女性最容易引起同性嫉妒的地方就是外在的美貌。也许你的女性同事可以容忍你的职位比她高、薪水比她高、能力比她强，但绝对不能容忍你比她美丽，成为办公室的焦点。虽然外貌、仪表、风度在很大程度上与能否得到更好的工作机会没什么关联，但几乎所有女性都无一例外地对比自己漂亮、着装比自己迷人的女人怀有"敌意”。

郑洁今天第一天上班，与同事们接触的时候处处都显得十分小心，因为在这之前，有人曾经告诫过她，办公室的生活是非常复杂的。为了能够给同事留下好印象，她还特意打扮了一番，化了淡淡的妆，又配上了一条漂亮的连衣裙，加上郑洁本来就天生丽质，因此显得十分漂亮出众。郑洁本以为自己一定可以很快融入到新的工作生活中，可不想单位里的女同事没有一个愿意理睬她，肯跟她接近的反而是那些男同事们，郑洁不明白，难道自己就真的那么让人讨厌吗？虽然她尽全力地和每一位女同事接触，但似乎她们都对她怀有敌意，其中有一位女同事还挖苦道：“怎么？第一天上班就打扮得这么漂亮？这有什么用，我们工作是靠能力的，不要以为打扮得漂亮点就能引起老板的注意。”郑洁觉得很委屈，因为她从来没有这样想过。

事实上，虽然女性很容易对同性的美产生嫉妒，但她们更渴望得到对方的赞美。因此，女士们在面对同事对你的“美”的嫉妒的时候，不妨忍痛割爱，将自己的美“分出”一部分给对方。这样一来，一定可以获得同事的好感，从而拉近与她们的距离。

于是，郑洁第二天上班的时候，主动和其他女同事打招呼，并且将自己穿衣搭配的技巧、美容的方法等全都告诉给了她们。这一招果然有效，那些女同事一个个听得津津有味，纷纷向郑洁提出问题，并且表示希望郑洁以后能多教她们点这方面的知识。如今，郑洁已经成为了办公室中最受欢迎的人了。

2. 主动示弱，浇灭对方妒火

如果没有“美”的资本，那么在工作中，最容易惹同性嫉妒的恐怕就是你所取得的成绩了。事实上，这种嫉妒心理是男人和女人都有的。试想一下，在同一个办公室，做同样的工作，凭什么你就要比她们的薪水高？凭什么你就得到晋升的机会？

因此，你在工作上所取得的成就难免会让你的同性同事嫉妒你，特别是那些年龄比你大、入行比你早，且资历比你深的人。在她们看来，晋升机会本来就该属于她，而你一定是通过要什么“阴谋诡计”才得到的。

面对这种情况，女士们该如何处理呢？有些女士会非常生气，因为她知道自己是凭借努力才取得今天的成绩的。因此，她对这种嫉妒非常厌恶，决定采用沉默来回应。其实，女士们大可不必动气。

美国加州大学心理学教授卢克尔斯·庞德曾经说：“很多时候，嫉妒其实是一种很可怜的心理。拥有这种心理的人往往是因为‘自己的东西’被别人抢走了，所以内心感到很失落，进而产生嫉妒。其实，应对这种嫉妒的方法很简单，那就是找一些你不如他的地方，让他把心思放在那上面。这样一来，原本失衡的心理变得平衡，就消除了嫉妒心理。”

这种示弱的做法，事实上是让你的女同事们觉得其实你也是很难的，有些地方不如她们，而且你还必须老老实实低调地做人，那么就会让那些嫉妒者感到心理上的平衡，使她们对你产生一种同情心理，从而消除她们的嫉妒心。

3. 满足对方名利的需要

其实，所有的嫉妒都是在名和利的基础上产生的。很多时候，一些女士之所以会招来同性间的嫉妒，很大程度上是因为她们醉心名利，又总是高人一筹所致。

老实说，这些在工作上所谓的名利并不一定就会给女士们带来很多的好处，相反会招来同事们的嫉妒。由于她们嫉妒你，所以就必然疏远你、仇视你，久而久之，紧张的办公室气氛会让你觉得身心疲惫，并且让你失去良好的人际关系。

应对这种嫉妒还有一个小窍门，那就是满足对方获得名利的心理。女士们不妨从自己获得的名利中，挑选出那些细小的、对自己前途没什么大影响的好处，然后谦让地将这些东西分给其他同事。其中，要特别注意的是，当你所在的部门获得了某一特殊荣誉时，千万不要将它据为己有，而是要大方地分配给每一个人。虽然荣誉没有什么实在的意义，但却可以满足所有人的心理。

女士们，当嫉妒发生在你身边时，不要慌张，只要你找到对方嫉妒你的原因，并对症下药，那么就一定可以圆满地将问题解决。

女人包容心语

女人的嫉妒心理往往发生在工作及社交中双方及多方之间，因此要尊重并乐于帮助他人，尤其是自己的对手，注意自己的性格修养，这样不但可以克服自己的嫉妒心理，而且可使自己免受或少受嫉妒的伤害，同时还可以与同事、朋友建立较为和谐的关系。

从婆媳大战观女人气度

婆婆和媳妇是从什么时候开始结怨的？不知道历史学上有没有专门的研究，如果没有就应该立项，这个课题太有分量了。婆媳积怨如此之深，就算没有人研究，也可断定它由来已久，可以上升到“历史遗留问题”的高度了。

既然是“历史遗留问题”，那解决起来就不是一朝一夕的事了。

28 岁的高校教师唐丽对此深有感触：“你知道，我丈夫的家庭是非常典型的上海市民，婆婆是个连西瓜不甜都要下去跟小贩吵架的人。”素来“清高”的唐丽第一次经历这种场面觉得非常不适应：“我记得很清楚，第一次去他家做客，婆婆正在楼下喋喋不休地以上海话向保安控诉隔壁家阿婆养的猫咪。”

同样的，在出版社工作的杨雪也有这样的困惑。“本来这些都是小事，可偏偏婆婆有时候要拉着你一起做，比如在公交车上抢座，在超级市场排队买便宜货，我对这样的事情超级不感冒，有时候故意装作听不见，婆婆还要对我老公抱怨我是根‘木头’，门槛一点都不精。我老公常常对我说，你跟我妈怎么一点都不亲？”杨雪苦笑着说，“难道要我陪着她一起跟小贩讨价还价，拿着计算器算计今天买菜又便宜了几毛钱吗？这简直就是‘代沟’！说老实话，我是从心底拒绝跟她沟通的……”

“改变要一点一点来，不能指望60岁的婆婆一夜之间完全接受你的价值观和消费观。太猛烈的变化将使老人失去安全感。”29岁的公务员瞿慧超贡献了她的诀窍——改变婆婆的老观念旧习惯，不要操之过急，要一点一点来。瞿慧超的婆婆搬新家时带去了很多旧家具，连瞿的老公也看不下去，但瞿慧超作为儿媳，却帮婆婆说话，充分理解了老人的恋旧心理。后来瞿的婆婆搬新家后，主动淘汰了一批服役10年以上的老家电，3个月后，又淘汰了餐桌椅。数次淘汰后，留下的老家具都堪称经典。瞿慧超说：“我与婆婆住在一起，影响她、改变她消费观念的事，只能一点一点做。如果强迫婆婆来适应我们，对她也不公平，她会觉得丧失了对自己生活的掌控权，会觉得小辈不尊重她。抵触心理一产生，改变她的节俭与怀旧心态，就格外难了。”

老年人一般很固执，她们的节俭本能，是几十年捉襟见肘的清贫生活留下的印记。但太过于恋旧，无法接受新事物的婆婆，很叫做媳妇的头疼。她无法接受现代人的价值观和消费观，不断变化的生活将使她失去安全感，而对你百般不满，肚里冒火。把媳妇定义成了一个“败家子”的形象。上文中的瞿慧超将心比心，不坚持自己的立场，而是用一颗充满宽容的心去理解老人，体现了过人的气度。

26岁的江子嘉新婚燕尔，一直习惯于在团圆饭桌上揭发老公的“系列丑事”，并指挥他添汤添饭。结果江子嘉发现每次她半真半假地指挥老公、调侃老公时，婆婆的脸色都很不好看。“他们那一代人大概习惯了相敬如宾，很难接受这种‘虐待式’的情感表述法。”子嘉开始时很委屈，但后来想通了，“我每每设想自己也有55岁，我自己的儿子被他的‘野蛮媳妇’吆来喝去，我乐意不乐意？我也会心疼的。天下做母亲的都有一颗可爱的私心。”有意识地进行换位思考后，子嘉开始在婆婆面前表现出对丈夫的“言听计从”，表现出难得的乖顺腼腆，结果，婆婆心下欢喜，嘴上却警告儿子：“不许欺负子嘉，有我给她撑腰呢……”

在妈妈眼里，儿子是世界上最好的男人，没缺点、没错误。即便丈夫劣迹斑斑，也只能关起你家房门私下教育，而不能跟婆婆一本正经地反映情况。尽可能在婆婆面前夸奖丈夫的好处，这对婆婆来说，无疑是最受用的事情。

婆婆再不好也是长辈，要做到和谐相处，做媳妇的你就应该主动一点，人都说老小孩、小小孩。女人间的心常常是相通的，无论你是将要做母亲还是已经做了母亲，都应该用智慧用宽容与你的婆婆和睦相处，所谓爱屋及乌，爱你的老公，更要爱你的婆婆，因为在一生里相遇，都是缘分。

女人包容心语

媳妇和婆婆是老公这辈子最亲最近的两个女人，毕竟都是一家人，同在一个屋檐下朝夕相处，整日打打杀杀，或玩一些猫捉老鼠的游戏并不是什么长久之计。俗话说“家和万事兴”，和谐相处才是家业兴旺、幸福美满的根本之计。

第八章　包容具有征服的力量

没有哪个人心甘情愿向强势的女人屈服，女人的包容反而让她们具有一种征服的力量，从而让他人心悦诚服。包容的力量是如此不可轻忽。孩子在母亲柔和的眼神下不再哭闹；丈夫在妻子宽容的目光中停止了过火的行为；同事在你谦和的体谅中投过来感动的一瞥；上下级之间也因为有了宽容从而更加齐心合力，勇创佳绩。包容能够塑造一种健康的社会文化氛围，使天分和志趣得到尊重和发展，使我们生存的社会成为百花争艳的世界。

做一个温柔而豁达的女人

卢梭说："女人最重要的品质是温柔。"温柔之美是女性的一种特殊的处世魅力，是女性美的最基本特征，能博得人们广泛的钟情和喜爱。

温柔在性格上体现的是善良、同情心和伟大的母爱；温柔在外貌形体上体现的是一张柔和的脸、微笑的脸，是眼光的友好、亲切、善良，是举止行为的得体、文雅、大方；温柔在为人处世上体现的是待人接物的温和体贴、细致入微与善解人意。

温柔之情，是上天赐与女人的奇世瑰宝，是作为母亲和妻子的女人不可缺少的一种基本的资质和品性。真正的好女人，应该是爱的使者，温柔的化身。老子曰：夫不争，天下莫能与之争。天地间至刚者，必为至柔。女子因其至柔，而成至刚。有道是：女子如此多娇，引无数英雄竞折腰。古往今来，无数英雄豪杰“冲冠一怒为红颜”即是典型例子。“最是那一低头的温柔，不胜水莲花似的娇羞”，道出了女人温柔的婉约美。可见女人存在的理由就是因为她具备男人所缺乏的柔韧。

有一次，伊丽莎白女王和丈夫阿尔伯特亲王谈话，语气流露出居高临下的味道，阿尔伯特亲王有些不悦，独自一个人进了自己的房间，把门反锁起来。过了一会儿，他听见有人用力敲门，“谁?”他问道。“我，英国女王。”伊丽莎白女王傲慢地回答。但屋里没有丝毫动静，过了许久，又响起了敲门声，这一次声音轻多了。“谁?”亲王又问道。“是我，维多利亚，你的妻子。”伊丽莎白女王温柔地说。门，终于开了。

可见，女人的美貌，只能征服男人的眼睛；女人的温柔，却可以征服男人的心灵，让他们在不知不觉中心甘情愿地掉进温柔的“陷阱”。

如果说，男人可以征服世界，那么女人则是通过征服男人来征服世界的。当男人在情绪上有什么不安时，好妻子能窥见丈夫的不安，了解丈夫的无助，小心地走过去，温柔地对丈夫说："亲爱的，抱我一会儿，"继而询问他心里烦什么，于长久的拥靠中适时地交换意见，在自然氛围中让他感受到你的深情挚爱。这就是温柔的力量，像水一样流动，浸润滋养性情，却滴水穿石。

当今有些女性在谈到温柔时，竟会这样说，都什么时代了，还谈什么温柔。相信这种回答令男士们心痛而又无奈，应当指出，女性在社会中追求独立人格的同时，不应放弃温柔的一面。何况温柔与追求独立人格并不矛盾。男人需要女人温柔，正如女人需要男人阳刚一样，这是心理和生理的差异造成的，也是男人和女人之间的互补性要求。温柔是美德，是理解，是关怀，女人温柔一点无疑是给爱情加点巧克力。

要知道男人对女人的渴慕，起因出于容貌，结尾在于温柔。每个身心健康的男人，都会痴迷于女人漂亮的脸蛋，但这张面孔依附于你之后，男人终有一天会顿悟，最可贵的原来是温柔。

女人温柔的本质绝对不是软弱，而是指处事的豁达。生性豁达的女人，未必大富大贵，却能洒脱快乐。"豁达"一词在《汉语大辞典》中解释说：形容人胸怀开阔，宽宏大量，能容人容事。豁达是一种大度和宽容，豁达是一种品格和美德，豁达是一种乐观和豪爽。豁达是一种博大的胸怀、洒脱的生活态度。女人拥有豁达的心胸不仅能包容别人，也是自己获得快乐和幸福的一大秘诀，实乃令人羡慕的性格，人生的最高境界之一。

温柔豁达的心胸不是大智若愚者的专利，也不为先贤们所独有，它隐藏在我们每个人的心中，靠我们用心来包容。当你为小事而勃然动怒时，宽容迷失在精神沙漠里；当你饱含深情地为失学儿童伸出援助之手时，博爱的因子就在你血液中流淌……

君不见周郎气短，以致英年早逝，空留涛涛江水；君不见太宗能容，乃有大唐盛世，流芳百世佳话。古往今来，不同的心态造就了不同的人生、不同的结局。

女性要在自己的日常生活中，注意加强性格上的修养，培养女性柔情。遇事通情达理，为人谦和，充分尊重和理解他人，宁可自己吃亏，先替别人着想。懂得感谢生活，感谢为我们提供衣食住行之便的人们，感谢给了我们生命的父母，感谢激发了我们潜能的敌人乃至逆境。同时富于同情心，对于弱者、境遇不佳者，不会坐视不管、漠不关心，尽力提供帮助。

女人拥有温柔豁达的心态，才能在滚滚红尘中从容淡定，豁达是女人润泽身心的美容剂，它会发射出很强的磁性，让女人充满亲和力。

太辛辣太喧嚣的女性不是美，而是一种刺激。弥尔顿说："男人为思想及勇气而生，女人为温柔及典雅优美而生。"温柔豁达的女人，才是最让人心动、最美丽的女人。她们如暗香长留，清美幽远，似微笑的天使，怡人心醉。优秀女人的美丽似柔和的轻风，给世界带来似有若无的温馨，当然它也包蕴篝火一般的热情。然而你看跳动的火苗舒卷的舌头是如此柔和，似嫩红的枫叶，像浸湿的红绸，让你的心灵如此熨帖。

夕阳西下，相伴黄昏，一对老年夫妻，有说有笑地相携走过，那份柔情蜜意，就是热恋中的情人也不过如此。他们也许会偶尔争吵，但妻子就连一句责备的话也充满了温柔……

女人包容心语

女人的温柔与豁达似静水流深，是征服他人的神奇力量，足以承受生活中千难万苦。温柔与豁达就是一种教养，一种情怀，一种悲天悯人的大智慧。

善于扮演“心理母亲”角色

男人天生骨子里就有一股孩子气，心理学上称其为“恋母情结”。恋母情结是男孩成长为男人的必经阶段，心理成熟的人会成功地从恋母情结中分离出来，把这个阶段过渡到其他女人身上，这个人就是妻子。

大多数男人在女人那里至少有两种身份，那就是丈夫和儿子的身份，而这两种身份总是在不断地转换。往往这些男人总是会要求女人像母亲那样照顾他，对他包容，当这点无法满足的时候，夫妻关系就会发生问题。

当两个人走入婚姻殿堂的时候，男人被称做新郎，女人则为新娘，这是有一些说法的。其实，“郎”在古语里是小孩子、儿子的意思，“娘”就是母亲。女人在成为一个男人的新娘的同时，也就意味着她将成为这个男人的第二个母亲。

在现代人的感情世界里，男人更需要一个像母亲一样的女人。生活压力大，社交压力大，人际关系复杂，让许多男人根本没有时间也没有心情去哄那些小女生开心，他们更需要的是一个可以体贴自己、走入自己心灵的女人。

当男人工作了一天回到家里，一定希望听到你温柔的话语，期待一桌温馨的饭菜和妻子关心的问候，而不是小女生的抱怨，诸如，“你今天去哪了，怎么这么晚才回来?”“我真倒霉，怎么嫁给你了，每天伺候你连出去逛街的时间都没有。”记住，千万不要说类似于这样的话，不要以为你的唠叨会让他内疚。你却不知道，此时的他根本什么都听不进去，久而久之他还会对你厌烦，觉得你根本不够关心他，也不懂得理解他的处境，那你很可能会把他推向别人的怀抱，到时候丈夫彻夜不归去知己那里找关爱，后悔也就为时已晚了。

所以，一个真正懂得爱情的女人，当她做妻子的时候，会在不同的时候扮演着情人、母亲、姐姐、妹妹、女儿等多个角色。当丈夫需要妻子像母亲一样关心他时，她就扮演母亲；当丈夫需要妻子像姐姐一样和她说说心里话时，她就扮演姐姐；当丈夫需要妻子像一个小妹妹一样依赖他，以显示他男子汉的魅力时，她就扮演一个乖巧的小妹妹；当丈夫需要浪漫的时候，她就是一个风情万种的情人。

男人大多数时候都像个孩子，他们比女人更脆弱，但是又不得不做出一副成熟的样子给予这个家庭最坚强的保护。男人不像女人，难过的时候可以肆意地流泪，男人的泪都流在心里。当他们的压力无处释放时，敞开你母爱的胸怀，让这个男人在你温柔的港湾里安心地休息，放心地睡去。及时给予对方最真诚的指点、最及时的帮助和最体贴的关怀，那样你的婚姻生活将被你经营得温馨而浪漫。

聪明的女人还善用自己天性中的温柔。温柔是男人最好的疗伤剂，一个女人如果学会用一腔柔情来迎接奔波晚归的丈夫，那么在你温柔的港湾里男人心灵的负累就会得到缓解，劳碌的心就会得到滋润与更新，男人心中的种种情绪就在女人那里得到了交换和体验，成为了你们双方共同生活的一部分。家也就在女人温柔的呵护下成了真正意义上的放飞梦想的地方。

女人包容心语

身为妻子的你，不妨经常调换角色：有时像个母亲，有时还要像个朋友。善做心理母亲，用你温柔敏感的心去感受你的老公，相信你的老公会更加地爱你。

破水桶洒下的花朵

一个女人如果拥有一颗包容之心，懂得发现对方的长处，并且能够扬长避短，我们的生活一定会变得更加轻松愉快和丰富多彩。这里讲述了一位农夫和两只水桶的故事。

一位农夫有两只水桶，他每天就用一根扁担挑着两只水桶去河边汲水。

两只水桶的其中一只有一道裂缝，因此每次到家时这只水桶总是会漏得只剩下半桶水，而另一只桶却总是满满的。就这样，日复一日，农夫每天只能从河里担回家一桶半水，不知不觉两年过去了。

完整无缺的桶很为自己的毫无瑕疵而得意非凡，而有裂缝的桶自然为自己的缺陷和不能胜任工作而羞愧。经过了这两年的失败，一天在河边，有裂缝的桶终于鼓起勇气向主人开了口："我觉得很惭愧，因为我这边有裂缝，一路上漏水，只能担半桶水到家。"

不曾想，农夫却微笑着回答它说："你注意到了吗？在你那一侧的路沿上开满了花，而另外的一侧却没有花？我从一开始就知道你是漏的，于是在你的那一侧的路旁撒下了花籽。我们每天担水回家的路上，你就给它们浇水。两年了，我经常从这路边采摘鲜花来装扮我的餐桌。如果不是因为你的所谓的缺陷，我怎么会有这么美的鲜花装扮我的家呢？"

我们每个人都有如那只有裂缝的桶，各自都具有这样或那样的不足和缺点。倘若我们能够怀着一颗包容的心勇于发现对方的长处而忽视对方的不足，我们的生活一定会变得更加轻松愉快。

我们在社会中生存，必然要置身于各种社会关系中，将避免不了地引来各种不同的评价，从这个意义上你和多少人相识就有多少人眼中的你。即便你圆滑无比、毫无球刺，也总有人看你不顺眼，这就是人的心理的微妙。现今人与人之间关系已成为一种艺术，里面有着太多太多的学问。

俗话说不经事则不长智，每个人都在寻求一种捷径，能使人与人之间的沟通更简单。这就需要我们善于发现每个人身上的闪光点，勇于欣赏别人，以一颗包容之心去处世。

如果两个人性格都像烈火，那一遇到摩擦或争执的时候就很容易发生爆炸，最后的结果只能是两败俱伤，这样对谁都没有好处。可如果有一方肯退一步，愿意去扮演水的角色，那么相处起来就会融洽得多了。

也许你每天都会接触一个陌生的人，记住，不管别人对他的评价如何，你千万不要戴有色眼镜去看他，你可以假设他是友善的，这样他才可能成为你的朋友。

在和别人发生口角的时候，应该根据情况主动向别人道歉、打招呼，学会发掘他人身上的闪光点并忽略他的缺点，这样心态就能放平衡，处世会更积极。

当面对讨厌的人，你无法理解的人，关系僵持的人时，你可以尝试以下几点建议：

①站在对方的角度考虑问题，多想别人的优点。

②尊重对方，关心对方，学会适当地赞美。

③和攻击性较强的人相处，除了侮辱人格时应义正词严外，对方的话不必放在心上。

④在关系僵持或恶化的时候，一定要主动表示友好，不要碍于面子、难为情。

⑤避其锋芒，学会委婉处事。必要时可请对方到餐厅或咖啡厅小坐，话题扩展，心结自然解开。

⑥人际沟通的能力很重要，人际适应的能力更为重要，学会心随念转，怀柔处事。

女人包容心语

人际交往是一门学问，能包容的女人不仅自身的生活是美好的，她也总能调动起身边每个人的潜能，让身边充满着人性的闪光，她的包容之心使她具有一种征服的力量。和她在一起，每个人会更加爱自己，世界因为残缺反而更加美丽，如同破水桶洒下的一路花朵。

熟悉男女之间交往的底线

生活中，我们总少不了和一些异性朋友交往，未必都是恋爱关系或虚伪的朋友关系，很多都推心置腹地成了好朋友，为什么呢？原因有二：一是最初的动机。男女之间的相识，并非都为了爱情，很多是因为工作关系、生活关系，由相遇到相识，由相识到相知，成为挚友。二是清醒的理智。轰轰烈烈、如火如荼的恋情总是在征服与被征服之间结束。飞蛾扑火的结果却可能最终是形同陌路甚至视若仇敌。

其实，如今社会的多元化也注定了男人和女人关系的多元化。男女之间有些适合组成家庭，有些却只适合做纯粹的朋友。大家不难发现，现实生活中的男女关系除了征服与被征服之外，还有欣赏与被欣赏。相互欣赏是一种和风细雨、温柔婉约的境界，是那种相距5米开外保持敬意的行为，如能进入这种境界，当然能维系友谊的地久天长。

男女之间的朋友情谊，包含着一系列美好感情：相互有好感、愿意在一起、信得过、相互关心、乐意互助、肯为对方分忧、为对方“慷慨解囊”、甚至可以“两肋插刀”……这些美好的感情本身就包含着爱慕。在这种友谊的土壤中，随时随地都可以萌发爱恋的种子。当两个人畅心而谈触及最深层的情感时，在心灵感受被关怀时，一份依靠的感觉也许会产生……所以女性朋友在与男性交往时，要清楚男女之间交往的底线。

女性朋友在社交中经常能遇到对自己有好感的男性，置之不理吧，两个人还有业务往来，关系不应该闹得太僵，如何把握这个度呢，才既不会伤害别人，也不会引起不必要的误会呢？

1. 不宜过分亲昵

过分亲昵不仅会使自己显得太轻佻，引起人们的反感，而且还容易造成不必要的误会，即使是已经确定关系的恋人最好也不要随意流露热情和过早的亲昵。

2. 不宜过分冷淡

过分冷淡会伤害男方的自尊心，也会使人觉得你高傲无礼、孤芳自赏。

3. 不必过分拘谨

在和男性的交往中，要该说就说，该笑就笑，需要握手就握手，需要并肩就并肩，扭捏作态反而使人生厌；反之，过分随便也不好，男女毕竟有别，有些话题只能在同性之间交谈，有些玩笑不宜在异性面前开，这都是要注意的。

4. 不要饶舌

故意卖弄自己见多识广而滔滔不绝地讲个不停，或在争辩中强词夺理不服输，都是不讨人喜欢的；当然，也不要太沉默，总是缄口不语，或只是"噢"、"啊"，哪怕你此时面带微笑，也容易使人扫兴。

5. 不可太严肃

太严肃叫人不敢接近、望而生畏，但也不可太轻薄。幽默感是讨人喜欢的，而"二百五"地故意出洋相，就适得其反了。

女人包容心语

男女之间可以有纯粹的朋友关系存在，但是必须要有个度。常言说的好："物极必反，热极生风。"彼此之间保持一定的距离，纯真的交往，这样的朋友才能处得一世。

男人离不开女人的关怀与体贴

男人也会脆弱。终日的奔波让他们疲惫的心灵会渴望有一处歇脚的地方，此时男人就更加需要女人细心的关怀和体贴。

古话说得好："秤不离砣，公不离婆。"作为家庭单元里的男人，怎么样都离不了女人的关怀和体贴。在过去那些文人雅士、帝王将相中，有哪个没有红颜知己的关怀？曹操不也是早年喜欢蔡文姬而得不到她的关怀，才有了“何以解忧，惟有杜康”的感慨？东坡居士晚年不也有个红颜知己相伴浪迹天涯吗？……毋庸赘言，古人前人给我们提供了许许多多男人更需要或者说离不开女人关怀的例证。

在这个世界上，没有哪个男人敢放胆地说“离了女人的关怀，我这辈子照样活得滋润”。这是因为，男人从他们出生直到他们死去，他们都是在女人的关怀下一次又一次地获得奋发力量的。当他们还是孩子时，是作为母亲的女人给予他们最伟大无私的爱怜和关怀，不是诗歌“慈母手中线，游子身上衣”吗？男人成年后，更加需要女人的关怀与体贴，他们在外面的世界游荡累了，就回家享受女人精心做就的美食；在男人间的竞技拼斗中微遇风雨，就回家接受女人的温馨抚慰；……等到他们老了，更是紧紧地牵着老伴的手不松开，哪怕只是小小的病痛，也要在女人面前呻吟成巨大的疼痛，希望在女人更多的体贴里让心灵得到慰藉。

一位朋友，有着多年的漂泊和追求的体验，前几个月他写了一篇叫做“梦想情人”的文字，说“人生不自在，奋斗的疲惫，失败的痛楚，屈辱的愤慨，积压的忧郁，都难免。需要抚慰，需要倾吐，需要宣泄，需要鼓舞和激励，需要另一个人来应允、承接和释化。当事业有成时，她会欣赏、赞叹、鼓掌、喝彩，由衷地高兴，并真诚地向我祝贺；当竞技场失意，拖着一副疲惫的身子，穷困潦倒地出现在她面前时，她不会厌恶我的无能，嘲讽我的惨败，她会平静地说：胜败乃兵家常事，然后为我包扎伤口；当饱受屈辱，满怀忧愤时，她会静静聆听我的倾诉，我的哭泣，甚至我的咆哮，她不会火上浇油地让我烧焦自己，也不会泼一盆凉水留我孤独，径自而去，她会轻声地告诉我，生活还有别的欢乐，要保持清醒。……”尽管这只是一个男人的梦想，但是他代表了绝大多数男人的心声。

现实中，很多男人都希望自己的女人“出得厅堂，进得厨房”。为什么如此？其实也是源于男人需要女人关怀的考虑。能出厅堂的女人，是男人希望她在自己拼杀的世界里，助自己一把，给予比在家庭里更多一点的关怀，很多出色男人都这样说过：“男人的一半是女人”，此言之贤内助是也。进得厨房的女人，是男人希望她在自己拼杀累了饿了渴了，回家来时能享受到更多一些的美味，让关怀具体到味觉上，在温暖的家庭生活中愉悦到心里去。

另外，女人还要注意以下几点，让男人感知你的细心照顾。

①当你爱上一个男子，千万别去想自己是不是应该矜持一点。爱他就告诉他，有时候男人也很爱虚荣，您的表白会让他的自信达到顶点。

②当你已经不爱他了，那么也用最直接的方式告诉他。别去考虑他会不会脆弱，男人的自尊远比伤痛重要。

③他在打游戏的时候，也是一天难得的放松机会，不论你有多急的事情，也不要直接去关他的电脑。最好是拥着他，在他耳边轻轻的细语。因为男人对游戏的执迷胜过你看一部精彩的肥皂剧。

④男人每个月也有那么几天，跟女人差不多，心情无故低落。这个时候不要问他怎么了，只要陪在他身边，做好你自己。

⑤他和朋友出去喝酒、打牌，不要问他为什么不带你一块前往。男人都愿意做一只风筝，只要线还在你手里，那么就放他去飞吧。

⑥男人不管他外表有多强大，但是骨子里都还是一个孩子。他

在任性的时候不要对他大吼大叫，这对他不起作用。最有效的办法是陪他一起疯，让他好好放松。等他平静后轻轻的告诉他你很爱他。

⑦男人都是不肯认错的，在他知道错的时候给他一个台阶下。他会为你感动的。

体贴一个男人，那就是把他当成你的爱人、哥哥、朋友、父亲、孩子。做女人要知道什么时候该进什么时候该退，什么时候该挡在他的前面，什么时候该躲在他身后。把他当成你自己一样去爱护，才能收获双方的幸福。

女人包容心语

相信你无微不至的关怀和体贴是送给男人的最好的礼物，虽然你并不想征服什么，但你的一举一动潜移默化地演变成一种征服的力量，使你与爱人之间的联系更加的紧密。

以包容之心守护你的爱情

爱情是生命中最厚重、最无价的情感，男人让女人激动、倾慕、依恋，更让女人温暖，因此所有的女人渴望永久拥有这份情感，牵手走过生命之旅。但很多时候，女人不仅仅为得到这份情缘而欣喜，更重要的还是要以包容之心守护你的爱情。

1. 爱人就是爱人，只要去爱，不要拿来比较

不要老说别人的老公如何、如何好，别数落他没出息，你是他最亲密的人，还这么说他，好像不太应该，对大多数男人来说，赞赏和鼓励比辱骂更能让他有奋斗的力量。何况，爱他还忍心伤害他吗？爱他一定要尊重他，再生气也不可以出口伤人，言语所造成的伤口有时一生都在流血。身体的伤害很容易治愈，精神的伤害却是打在心灵上的烙印。

2. 不可以整天追问对方爱不爱你

他若真爱你，你不必问；他若不爱你，他已做了你的丈夫，难道他会对自己的妻子明确地承认吗？除非他不想要这段婚姻了。他对你的爱，用心去体会就品味出来了。爱是行动表现出来的，不是挂在嘴边说出来的。老挂在口头上不落到实际的爱太苍白无力，婚姻是现实的，生活是现实的，风花雪月的恋爱，不是真实的生活。婚姻是从柴米油盐中感受爱的。

3. 不要摆脸色给对方看，一个生气的女人是很丑陋的

他工作已有许多压力，回到家里还要看你的脸色哄你开心，无形中又增加了他精神上的承受力。对方性格上会有缺点，生活细节会与你不同，令你不满意，但他怎么可能是完美的，在你面前，他要放下面具，做一个真正的自己，做个普通人。宽容是做人和对待婚姻应有的态度。女人要懂得容忍和体谅对方。

4. 要适度表现你的体贴和柔情

很多热恋中的女孩都能不由自主地用脉脉含情的目光注视着自己的心上人，万般柔情皆在不言中。事实上，适度表现出体贴和柔情无疑会令男友心动，所以聪明的女孩总是把对方无意中透露出来的嗜好或兴趣悄悄记于心底，然后在适当的时候，一件小小的礼物，一声温暖的问候，都可能换来他对您更亲密的感觉和最深的牵挂。

你对男友细心的关怀，当然会使他敏感地体会到你的真情，并对你产生好感，但是这种关怀一定要把握好“度”，千万不要以为一味地关怀和体贴就一定能换来对方的等量回报，有时可能恰好相反。

5. 要恰当地把握嫉妒和妖媚

著名精神分析家希尔多瑞奇曾说：“在爱的关系中，嫉妒是一个有什么地方出了毛病的信号，而不一定是一种坏透了的意念。”很多时候在爱情中，适度的嫉妒反倒可以使两个人得到必要的自省，从而使彼此珍惜对方的价值。但问题是，仍然要把握好这种情感的分寸，若把嫉妒放在一个极端的位置，则会把你热恋的男友吓得拂袖而去。比如，你对自己爱恋的男友说：“我如此爱你，你还和其他女人眉来眼去，我真想杀了你！”试想谁敢娶这等女孩为妻？很多经验表明，如果将嫉妒的情感无限制地发泄出来，那么这种情绪所具有的力量，足以摧毁最健全可靠的关系。所以重要的是，如果要永远相依相随，必须要互相信赖相互敬重，这才是爱的根本。

同时，你在和男友交往中也不妨用一些“手段”，比如闹别扭、撒娇或生气，这没准儿是爱情的调味品呢！但不管用什么方式撒娇，眼睛要保持笑意，露出关爱和温柔的神情，这是万万不可忽视的。

6. 适时地创造空间

通常情况下，男人将浪漫作为一种手段，而女人将浪漫作为一种追求，所以聪明的女性为了刺激男友的好奇心，并使他对你永葆热情，不妨制造出一定的距离和空间，给他某种不确定感。方法很多，比如你觉得他这段时间对你不那么看重，失去了以往的细心和殷勤，不妨在他约你时淡淡地告诉他今晚没空，但不要做出盛气凌人的架势，也不要解释你去做什么事，给他留一丝悬念和不安，让他重新找回对你的牵挂和兴致。千万不要以为爱得愈深，两人就愈应如影相随，彼此不留一点空间，这很容易把你引向爱情的误区中。泰戈尔说："我给你爱的阳光，同时给你光辉灿烂的自由。"这无疑是一种境界，也是握紧情缘的技巧。

女人包容心语

在茫茫人海中寻觅到自己的最爱，真的不易，而重要的是要积极寻找保持爱情不老的动力。所以，女人应该用自己的智慧和包容之心，掌握守护爱情的技巧，握紧真爱的手，一起将爱进行到底。

马皇后的仁爱之心

仁爱是一种美丽的品性，是最能赢得别人尊敬或欢迎的所在。它能提升女人的气质和更好地展现女人的魅力。

马皇后身居高位，不仅保持了艰苦朴素的作风，她那宽厚仁慈的性格，也令后人交口称赞。

她勤于内治，讲求古训，力倡仁厚之道。以宋多贤后，命女史官录其家法，朝夕省览。有人说："宋朝过于仁厚。"马皇后则说："过于仁厚，不比过于刻薄好吗？"

马氏提出"仁厚之治"的主张，将汉代与宋代两家思想合二为一，得出了"仁厚"胜过"刻薄"的结论。据此，她命女史官总结历代仁厚之粹，写成家法古训，请求丈夫太祖予以表彰。

朱元璋称帝后，接受历史上的教训，不许后宫干预政事。在这种情况下，马皇后既要做到不出头露面，又要做到以其特殊的身份、卓越的见识和杰出的才能，悉心补救太祖政事上的弊病和漏洞。所以，在明初的政治生活中，马皇后的特殊作用，被太祖贴切地比喻为"家之良妻，犹国之良相"。在某种情况下，太祖这位"良妻"还起到了"良相"所不能起到的作用。

一日闲谈，马皇后问太祖："现在天下的老百姓安居乐业了吗？"

太祖回答："这不是你应当问的。"

马皇后道："陛下是天下之父，妾为天下之母，子女的安危，做父母的可以不问吗？"

马皇后此次进谏，旨在劝太祖关心民疾，爱民如子。

她常劝太祖以尧舜为法行仁厚之政，以求天下太平、百姓安乐。她认为要达到尧舜之治就要重法治、重贤才、重教育，实行仁厚之政。因而在这几个方面，她帮助太祖补弊救失，做出了很大的贡献。

在重视法治方面，马皇后提醒太祖："律常变则生弊，法弊则奸邪生，奸邪出则百姓困，百姓困则动乱生。"朱元璋认为这是至理名言，命令史官书之干册。太祖生性刚烈，好发脾气，动辄杀人。马皇后因此劝谏："不以喜怒加刑赏。"太祖在前殿决事，有时震怒，欲开杀戒，马皇后待他还宫，就婉言劝谏，因此而得以缓刑免戮的人很多。

有人报告参军郭景祥的儿子萌生杀父之心，太祖大发雷霆，下令将此不孝之子杀掉。马皇后得知，劝太祖道："郭景祥只有一个儿子，要防小人别有用心。如果枉杀则使郭景祥绝后，不如派人查明后再作结论。"于是，太祖派人调查，果然冤枉。

太祖的养子李文忠守严州（今浙江建德县东北），杨宪诬其不法，朱元璋想要召回李文忠，给予处罚。马皇后认为：严州是与敌交界的重地，将帅不宜轻易调动，而且李文忠一向忠实可靠，杨宪的话怎么能轻易相信呢？太祖向来敬重信赖马皇后，便派人去严州调查，果然又不实。后来李文忠一直戍守严州，从无疏忽。

宋濂是明初的谋士，也是太子朱标的老师，太祖对他恩礼有加，在他年老返乡后，仍不断派人慰问。不幸宋濂孙子宋慎犯罪，他也被株连，逮到京师被判处死刑。马皇后为此竭力劝谏，她对太祖道："民间请一老师，还始终不忘恭敬，何况宋先生已告老还乡，并不知道朝中发生的事，又怎能因子孙犯罪而牵连至死呢？"话虽入情入理，太祖还是不肯赦免。到进御食的时候，马皇后特意不备酒肉，太祖奇怪地问是何故，答道："妾已用皇上的酒肉祭祀神灵，请求保佑宋先生，以使太子稍尽敬师之心。"言毕潸然泪下，太祖大为感动，第二天即下令赦免宋濂死刑，安置于茂州。

吴兴富民沈秀出资帮助修筑三分之一都城，事后又请出钱犒赏军队。太祖认为百姓出钱犒军不吉祥，因而大动肝火，下令处死沈秀。马皇后劝谏道："法律，是用来惩罚不守法的人，而不是用来惩罚不祥之人。沈秀富可敌国，虽然是不祥之民，却没有犯法，怎么能随便诛杀呢?”太祖觉得很有道理，便将沈秀释放，派去戍守云南。

一年元宵节，太祖化装外出，杂在众人中观灯，见一灯上写着:“女子肩并肩，乘风荡舟去，忽然少一人，却向月边住。”谜底是“好双大脚”。太祖认为这是讽刺马皇后的，大发雷霆，要严惩“刁民”，如查不出具体人来，全城百姓，一律遭殃，弄得人心惶惶，坐卧不安。马皇后听后进谏道:“妾是大脚，自己不嫌，陛下不嫌，别人纵然是嫌，有什么相干呢?陛下不是曾说幸亏妾脚大，才能背着陛下逃出死地吗?何况天子为民之父母，子女们随便说说自己的父母，并没有伤害父母之心，做父母的怎能大怒不止，要置子女于死地呢?”一席话说得太祖怒火全消，遂收回成命，使百姓免去了一场灾难。

针对太祖经常法外用刑，随意治罪的弊端，马皇后总是时刻加以提防，遇事设法补救并常从细枝末节中拾遗补缺。一次太祖发脾气责骂宫女，马皇后也假意发怒命令将宫女交付宫正司论罪。太祖认为朕一言就是法，不必交到宫正司议罪。马皇后解释道:“帝王不可以喜怒加刑赏。当陛下大怒时，用刑可能会过重，不如交给宫正司，按罪定刑，公平处理。即便是陛下给人定罪，也应该根据法司的规定办事。”

我们熟悉马皇后，是缘于她的那双与时不同的“天足”。但真正让她彪炳史册的，是她在明朝建国前后，对朱元璋孜孜不倦的帮助和勤俭仁厚的生活作风，毫不夸张地说，若没有马皇后，即没有龙袍加身的朱元璋，也不会有明初较为开明的政治，以至于明朝历代后妃，争相效仿，引以为荣。她死之后，朱元璋大恸，从此再不立皇后。

女人包容心语

身为国母，马皇后将其仁厚之风带到太祖、皇子身上，带到后宫之中。后人思之，无不感叹。其真乃历代后妃之楷模。若没有马皇后，后人难在历史中寻觅到一位真正的贤妻良母。

下篇

有智慧的女人活得明白

有智慧的女人内心沉稳、踏实、通透。她们未必完全了解这个世界，但她们能够安于生活，能游刃有余地驾驭生活。因为她们明白自己，了解他人。明白自己就会少走弯路，避免误入歧途。了解他人就不会委屈自己去迎合别人，就不会被他人所利用。一句话，有智慧的女人心中自有一盘清晰的棋局，整盘棋局都在她自己的掌握中，她们将可预知的风险最小化，知道自己什么时候该做什么、能做什么、什么最适合自己，因而能够在现实生活中进退自如，腾挪得当。

第九章　知道自己有什么、缺什么

人贵有自知之明，女人亦然。有智慧的女人永远不会过高地估计自己，也常常不是那种自我炫耀、自以为是的女人。她们也不是这样的女人：一点失败就严重受挫，无谓地自我贬低，慌乱地躲闪于人群之中，自我价值感低落。有智慧的女人往往能够知道自己有什么、缺什么，并能以最佳的状态投入到生活中去，充满自信地去生活。

拥有良好的个性，就是一种美丽

时代进步了，人们的审美观念也跟着改变。1991 年，著名的女社会学者内奥米·霍尔夫驳斥了几百年来人们对美貌本质的思索。她认为，美貌作为一种客观而普遍的统一体，实际上并不存在，它只不过是建立在人们的一种神秘理念之中。在这个时代，女性的美丽已经不仅仅局限于青春靓丽的外表。健康向上的形象气质和良好的社会适应能力也成了美丽的附加项目。

女人们逐渐认识到：上帝从来不会厚此薄彼，每个女人都有着自己独特的个性美。如果将之运用得当，将会给自己的工作和家庭带来意想不到的一臂之力，在提高生活质量的同时，也增强了自身的社会竞争力。

你经常能在很多人中一眼就看出有个性的女人：因为她们走进房间时，就带来了一种气氛，并且她们总是恰到好处地出现，她们具有一种使敌意消除的艺术，同时向周围扩散着吸引人心的超凡魅力，向人们投射着发自内心的激情。她们的个性是坦率和友好的，懂得运用微笑来打开心扉。

个性女人心思细腻、感觉敏锐。往往在交谈开始的一瞬间，就能通过第一印象捕捉他人的心理，充分运用自己的感觉，因此许多谈判、销售和其他重要的交易活动，都是在协商或谈判的最初就被决定下来了。

个性女人懂得珍惜时间，有着向目标全力以赴的决心。她们绝不会在无谓的琐事上消磨时光，她们有着属于自己的思维视角、价值尺度，并在与他人的交流、交往中力求达到一个平衡。

个性女人重视心灵的感受。她们知道真正的魅力是内心与外在的协调统一。当身体感到不适时，皮肤和精神面貌看上去就不好；相应地，当心境或情绪感到不好时，虽然有精心修饰的面容和华丽的衣着，却不能给人留下一个好的印象。一些研究证明，外表美的青年人往往在物质上总是感到不满足，生活也会越来越感到不适应和不幸福。他们的不幸，首先是心灵的不幸。因为没有快乐的心境，所以不能拥有快乐的生活。

个性女人往往在举手投足间都能彰显其与众不同的个性。个性女人知道第一印象是最有力的，知道在谈话的头四分钟里就决定了人与人之间的关系，是能赢得或失去的关键。无论是面谈还是在电话中，她们总是以报出自己的名字开始："你好，我是××。"看起来很简单，但她却以正面说出自己名字的肯定态度投射自我价值，同时提醒别人，请把我当做重要的人物去记住。她们总是首先向别人伸出手，以表示友好与尊重。随着热情的握手，目光坦然的接触和发自内心的微笑，个性女人在社交中投射了友好的气氛和兴趣，清楚地显示出一个成功者的形象——这便是一个轻松的微笑，一张充满友谊的面孔，主动说出自己名字的姿态，握手时坦率的目光……

个性女人从积极的聆听中，学到投射她们自己的艺术。当她们介绍自己的时候，她们就准备好了要成为一名听者。因为她们知道，倾听可以学到大量的东西。"我要使他快乐"的态度适合于生活的全部内容。一个个性女人面对顾客、对手或潜在的朋友时，她的态度是服务对方而不是自我，她的关心是为了别人而不是为了自己。当我们心中对别人感兴趣时，别人都能体会到这一点。她们也许不能用语言去表达她们的这种体会，但她们会在行动中表现出来。个性女人知道没有谁喜欢和一个心中只有自己的人谈话，那会让人很不轻松。

个性女人懂得给予别人尊重是社交中最大的技巧。她们提出问题时，不是自己去提问，而是诱使其他人去提问——她们举出事例，巧妙地让别人提问题。为了问题的明了和理解，她重复别人已做出的说明。

个性女人每天都在投射她们最好的自我，这包括她们的看、走、听和反应。她们专心研究真实有效的社交活动，负起了百分之百的责任。她们不仅热心向别人传递信息和思想，而且也积极从接触到的每一个人那里接受信息的真实含义。

女人智慧感悟

正如文中所言："美"，是内心与外在的协调统一。如果自身拥有美的潜质而不加以开发和运用，那么美就会流于表面，走向浮浅，有智慧的女人大都注重对自身个性美的培养，从而让自己广结人缘，走向成功。

女人，不能缺少沉静的性情

女人们置身于充满诱惑而高速运转的现代生活中偶尔会心生烦乱，再附以家庭之累，职场之繁，不免让女人们无所适从。沉静的性情是上帝送给女人的最好礼物，让每一个与她相处的人都能深受感动，尤如躁热夏日中的一抹清凉。

"静"既是指身外的安静，也是心内的平静。"静"在生活中是真实、善良、美好的体现。所谓“宁静以致远，淡泊以明志”，沉静性格是一种超然物外的性格。在沉静的四种状态——宁静、冷静、镇静、安静中尤以宁静为首。性格沉静的女子是一个脱俗女子，是一个拥有大智慧的女人。

首先，性格沉静的女人是理性的女人。生活中我们经常看到有些女人，遇事便心慌意乱，不知该怎么办才好。而沉静的女子面对突如其来的危险和灾难虽然也有心慌意乱的时候，但她们却能让自己及时镇静下来，恢复理性的思考，以想出好的办法来从容应对。正所谓“猝然临之而不惊，无故加之而不怒”。平和的女人大都能保持沉静，从不被忙碌所萦绕，闲时吃紧，忙里悠闲。待人不严，教人勿高，宽严得宜，分寸得体，身心自在，能享受生活之乐趣。

其次，沉静的女子选择安静。曾经有两位画家，分别以安静为题画一幅表达同一意境的画。一个画家画了一个湖，湖水平静得像一面镜子，还画了远山和湖边花草，让它们倒映在水里。另一个画家则画了一个飞泻的瀑布，在瀑布旁边有一棵小树，树上的鸟儿正在巢里安然睡觉。显然，只有后一个画家才真正理解了安静的真意，而前面那一位不过是以一潭死水来演绎安静罢了。面对飞瀑激流，依然高枕酣睡，处变不惊而仍能泰然处之的女人，才能拥有一个豁达而安静的人生。

生活本就清清淡淡，平平凡凡，如涓涓流水。于安静中沉思默想的女子是人生深思熟虑后的选择，是历尽沧桑后的返璞归真，安静也让女人的心灵更加充满宽容、博爱。也让她们有更大的心灵空间去容纳思想的自由翱翔，为生命积蓄能量。“宁静以致远。”安静中有一种寻求智慧的沉思之美，是人生大彻大悟的开端。

再次，性格沉静的女人心思细腻，做事认真，考虑周全。沉静女子同时也是一个温柔女子，她们无论在家里还是在职场中做起事情来都格外认真，也能照顾到他人的细微感受，是一个很有女人味的女人。

王先生因工作需要前往美国，下塌到一家东方酒店，每提及此事，他都感动不已。原因是那里的服务员非常周到细致。他第二次入住东方酒店的时候，一位沉静的服务员在前一天晚上就背熟了所有顾客的姓名。第二天清晨微笑着问候："早上好，王先生！"当王先生想要就餐时，她把他领到了老位子上，并恭敬地问他是否还要老菜单。原来这名服务员很早就查到了他第一次入住时就餐所坐的位子，以及那时他喜欢吃的饭菜，并详细掌握了他的口味。

这让王先生真正体会到了宾至如归的亲切感。

最后，性格沉静的女人是拥有魅力的幸福女人。没有人不喜欢这样的女子，她们静若处子，动如行云流水。她们通达世情，无论是做事还是做人总能面面俱到，又不玷染世俗的痕迹。即使同为女人也乐于和这样的女子亲近。

一位深受失恋之苦的女子向一位牧师寻求解脱之道，牧师将女子请进屋里。屋中只有一张桌子，上面放着一只杯子，看上去已经放在那里很久了。牧师说："年轻人，生活中的烦心事有很多，总是你想忘掉的时候却又是最难忘掉，就如这杯水……"女孩困惑地望着牧师，不得要领。牧师于是微笑着说："这只杯子放在这里很久了，几乎每天都有灰尘落在里面，然而里面的水却依然澄清、透明，这是什么原因呢?"女孩恍悟，原来所有的灰尘都深淀到杯子底下了。

女人们，当生活中的烦琐之事萦绕心头时，想想这杯沉淀的清水吧，当灰尘落入时，它只是随着时间静静的、慢慢的待其沉淀下来，给心灵一个沉淀的机会，才能让自己渐渐地摆脱困扰，这样心灵并未受到污染，反而更加纯净。

“静”，就是为了力戒虚妄，力戒焦虑，力戒急躁，力戒脱离客观规律和实际，明明白白地做一些自己该做的有效行为。一个“心清意静”的女子，可以感觉到一般人感觉不到的东西，考虑到一般人考虑不到的问题。释迦牟尼主张“应生清静心”，即“心静才能感觉到真实的东西”。女人只有静下来体会明白了，才能使自己摆脱烦恼的束缚，拥有沉静如水。

“宠辱不惊闲看庭前花开花落，去留无意漫观天外云卷去舒。”女人独处的时候，无嘈杂喧嚣，无人声鼎沸。独自谛听蟋蟀的吟唱，看西天残月，吸夜露花香，躺在散发着泥土和芳草气息的山坡上，凝视那悠适浮云，感应那潺潺溪水和大自然的天籁之音。疲惫的身心在此得到抚慰、放松和休息，沉静的性格也就在这独处中渐渐养成。

宁静是一种性格，又是一种人生境界，它使我们于喧嚣中倾听天籁，在跋涉中展望前程。致虚极、守静笃、静中，能体验人性的高度。拥有宁静之心的女子才是一个真正拥有魅力的幸福女人。

女人智慧感悟

有智慧的女人倘若缺少了沉静的性情，那么她的智慧就会变得浮躁和浅薄，有如花拳绣腿，难得他人赏识。做一个沉静且又玲珑剔透的女子才得智慧之奥妙。

有了工作，并不代表有了前途

工作是一个女人身心独立的基础。但新时代的激烈竞争又告诉我们，有了工作就有了“铁饭碗”的年代已经一去不复返了。随着知识的不断更新，需要你不断充电学习才能拓展职场前途。而且职场上环境错综复杂，面对这些，或许你还欠缺练达的人情，或许你还欠缺圆融的性格，这都需要你去完善，如此才能在职场这片没有硝烟的战场中创出一番天下。

在竞争激烈的职场上，一纸文凭的有效期是多久？当你必须向别人出示你尘封已久的证书时，你是否会怯场，感到没有底气？或许当你拿到金灿灿的学历时，曾经还是可以傲视群雄的。可劳碌几年后，猛抬头，才发现知识和技能的发展日新月异，学历飞速“贬值”，眼见着学弟学妹们揣着硕士、博士学历，意气风发地加入到自己的行列中，使自己在诸多方面受到限制，如加薪、升职的机会等，你不自觉地就会有种“时不我待”的紧迫感……

是的，在如今藏龙卧虎、新人辈出的职场之中，如果你想单靠原有的一张文凭、一种技能在职场立足已几乎不可能。你必须居安思危，不断充电，学习掌握新知识和新技能，才能让自己“不贬值”，才能让自己在职场中时时拥有竞争力，永远占据一席之地。

当今世界是信息时代，每天出版的图书、报刊及科学发明创造成千上万，而人不可能一劳永逸，以不变的职业知识结构，去应付万变的职业生活现实。况且，人的知识陈旧率也惊人的高，一个大学生所学的知识，在毕业十年后，有用的就仅剩20%。可见，更新和补充知识是伴随人生全过程的活动。一个职业女性，必须时时地进行自我“充电”，学会不断地掌握新技术来改进和发展自己的职业生活，以保证自己始终在激烈的职场竞争中立于不败之地。

既然我们热爱所从事的职业，希望在这个岗位上工作下去，那么，我们就必须更加勤勉，通过主动自觉地学习，不懈地发展和完善自身素质，其中包括决策、创造、交际能力及分析、评估、综合和归纳事物本质的能力等。这些基本素质可以使你的工作与你的人生融为一体。

自我“充电”的内容应包括以下几个方面。

第一，加强职业道德修养。也许你并没有认识到这一点：职业道德修养是职场活动的基础，也是自我完善的必由之路。它是从业人员根据职业道德规范的要求，在职业意识、职业情感、职业理想和行为等方面的自我教育、自我培养、自我锻炼和自我改造，它可以提高自身的道德素质，不断克服损人利己思想、雇佣思想和平均主义等旧的职业意识。可以说，职业道德修养的过程，是使自己在职业道路的阶梯上不断攀登的过程。

第二，不断学习科学文化基础知识。在当代科学技术日益成为生产力重要因素的情况下，缺少文化技术知识，不可能成为一个合格的职业女性。即使大学毕业了，有了职称和工作业绩，也只能表明过去。每个人在职业活动中的能力，基本上取决于其对高新文化技术知识的掌握和运用程度。

第三，注重提高职业操作技能。任何职业活动都是由一定的职业操作技能联结成的。提高职业操作技能就等于提高了职业活动能力。个人可以通过学徒、实验、参加比赛等形式，不断提高本职业的基本操作技能，并达到较高的熟练程度，顺利地完成本职工作任务。

第四，掌握职业生活技巧。任何一种成功的职业活动中，都包含着职业科学艺术成分，如人们怎样进行职业保健，怎样能成才，怎样能排除职业生活中的种种困扰等，都存在方法和技巧问题。懂得技巧就可能使职业生活变得丰富而有活力，否则，就难免走弯路，甚至导致职业生活失败。由此观之，我们不能忽视对职业生活技巧的学习和运用。良好的技巧能够弥补很多缺憾和不足，有助于在理想的职业领域大显身手。

总之，无论是拿出专门时间去深造，还是在工作实践中不断学习，通过基础和后续坚持不懈的努力，那些有心的职场女性会不断适应变化的环境，最终拥有纵横职场的能力。

女人智慧感悟

职场并非处处坦途，也会有未被开垦的原始森林。而在这个潮流瞬息万变的时代中，精明的女性往往能够坚定目标，冲破迷雾，走出迷宫般的森林。

有了爱人，并不代表有了爱情

爱，人类语言中最神圣的词汇，没有爱的滋润，这个世界就是一片死气沉沉。对女人来说，爱是一生的温暖、永久的幸福，沉浸于爱中的女人身心滋润、神采飞扬。因为心中有爱，再多的艰难困苦也甘之如饴。一个容貌姣好的女子，如果没有爱人的陪伴，也会让人觉得凄凉。再聪明的女人，生活中没有爱的点缀，也只会是一地清冷月光。

现代女性多是懂得爱的高手，她们在爱情里享受甜蜜，在婚姻里收获幸福；而不会爱的人，却常在爱情里煎熬，在家庭中挣扎。爱是生命中重要的原料，只有精心调配爱，才能创造出美好的生活，时时刻刻置身于美妙的天堂之中。

爱是这世上最奇妙的东西，似乎与生俱来，但同样也需要后天不断地学习改善，因此学会爱与被爱，是所有女人一生的必修课。

经常听到女人们报怨自己的老公，“恋爱时的细心一点都没有了，他越来越不关心我，而且还邋遢、专制、脾气暴躁……”面对婚前与婚后的强烈反差，女人们常常有一种受骗的感觉。

女人要认识到有了爱人，并不代表就有了爱情。从初恋时的浪漫迷狂走进婚姻生活的现实平淡，才真正踏上了爱的旅程，婚后生活的幸福与否，更多地来自于夫妻间对爱真正意义上的理解与经营。

我们每个人的身体里都有一种性的能量和冲动，这种冲动在男人被称为男性雄风，而女人们则受几千年来文化对性的贬损而将自己拥有强烈的性需求视为羞耻。所以女人们往往在无意识中将性放在恋爱中的最后一道防线，将爱与婚姻作为解除这道防线的最后条件。于是男女之间的权力游戏便粉墨登场。一个可以轻易感受自己需求的男人，面对一个拥有资源的女人，这股性能量会被升华到一个不可觉察的状态，它使男人突然变得专注、细心、体贴、温柔、浪漫，想尽办法腾出时间来陪伴对方，男人就此误以为自己爱上了对方。此时女性多是拥有权力的一方，在对方尊重、陪伴、倾听、细心的呵护下于是有了婚约，亲密关系发生。过了数年或数月，性能量（新鲜、刺激、冲动、浪漫、激情）逐渐衰退，权力架构开始改变，此时拥有需要的一方是女人，诸如对家庭、子女的重视，对安定与幸福的渴求等。此时男女间权力的本质不变，作用力却恰好相反了。

在恋爱中“性能量”所带来的浪漫、激情与“爱”的深刻真实之间是有所不同的。如果你不去碰触一个人的内心世界，与之真诚、坦白、真实地互动，而只是为了得到对方的好感而摇身一变成为电影小说中的男女主角，只是用敏锐的心理触须去探索对方的喜好而不是做你自己，那么你与他所爱的只不过是自己的一个梦想，而并非真我本身。

爱一个人，如果在他愤怒的时候你不了解他受了什么伤，哪个地方被刺痛了；如果他绝望的时候，你不了解他经历了多少次挫败、多少辛苦的努力、多少期待的落空，累积了多少无奈、无助、无力感；如果他心碎的时候，你不了解他的失落、幻灭；如果他恐惧的时候，你不了解他生命的历程，曾经历的一次又一次的伤害……那么，请问你是在真的爱吗？其实你爱的只是你自己没有觉醒的，所有的贮藏在你生命潜意识里的那些生命的经验，如果那个人呈现的状态符合你想爱的样子，你爱他，如果那个人不符合你想爱的样子，你就不爱他，甚至包括你的家人和孩子。

女人们要真实地呈现自己，不管你认为是正面负面的，同时也要鼓励对方真诚地呈现他自己，无论正面还是负面的，如此，才有爱的可能。

在爱中，“爱他所是”就是看对方有多少是自身不能接纳的，然后对这个不能接纳的部分进行探索，是自己生命中什么样的经历让你创造出对他的不能接纳。然后让对方也取得共识，让他也愿意真实地表达对你的哪个行为是欣赏的，哪个部分是讨厌的，哪些时候愿意接近你，哪些时候想和你保持距离，哪些状态他有能力支持你，哪些状态因为你给他带来的压力而只想疏离你，只有两个人都愿意彼此真实地面对，并在分享的过程中逐渐发现彼此的不足，然后给予彼此空间和时间，那么，随着两个人的共同成长就会逐渐发展出一个渐渐融合的二人关系。

爱，是要用心去感受的，只有心里感受得到那才叫爱，这个行为叫不叫爱是要接受的人来定的，而不是由给予者决定的。女人们在婚姻中似乎不管怎么付出，都得不到老公的体谅，日复一日把我们变成了一个只会唠叨报怨的黄脸婆。试想，如果有一天，你对你的老公说：“我觉得你就像一棵大树一样，站在家门口为我们遮风避雨，我知道你在外面辛苦，在领导面前也很受委屈，所以我很心疼你很为你对这个家的付出而感动。”那么情况会怎样呢？

"执子之手，与子偕老。"婚姻与爱情是女人生命中很重要的部分。爱他，就要爱他所是，而不是爱你所想。有人说五百年才能修为一回夫妻，既然相遇了就珍惜这难得的缘分，在真正的爱的意义上与你的爱人携起手来，一起走向生命的尽头。

女人智慧感悟

在现代社会，女人们更要珍惜手中的幸福，不断地给自己的婚姻注入活力，在爱情这场人生的角逐中做一个永远的胜者。

不要让你的眼泪掉错地方

人们常说一句话：女人是感性的，男人是理性的。这句话虽然有些绝对，但也不是没有道理。在大多数场合下，多数的女人在处理事情时，总是感性多于理性。但在现代职场中，如果你经常发脾气、掉眼泪，那么不仅会让周围的人无所适从，而且还会对自身造成不可避免的损失。更会被归结为心理承受力差和性格软弱，人们会认为你经不起大风大浪的侵袭，难以担当重大责任，最终对事业造成极大的影响。

艳红是一家大型企业的高级职员，她的能力和才华在公司里是有目共睹的，无论是工作能力，还是文字水平，均是堪称一流，这一点连她的上司也是给予充分的肯定。艳红的性格热情大方、率真自然，颇受同事们的欢迎，深得上司的喜爱。但也就是这率真和不加掩饰的性格，在某些时候竟然也成了她事业发展中的致命伤！

最近一段时间，上司对一位无论是资历还是能力和业绩都不如艳红的女同事特别关照，也没见她干出什么出色的业绩，总是磨磨蹭蹭的，却总是好事不断，什么提职、加薪等好机会都有她，一年之内竟然被“破格”提拔了两次，让人很是羡慕。

艳红心里越想越难受，为什么自己工作干了一大堆，也创造了十分亮眼的业绩，却不被提拔呢？她怎么也想不明白，真是又气又急又窝火。为此，艳红的工作情绪一度受到影响，陷入低落状态。

这时，一个平常和她关系不错的同事，见到艳红这副沮丧的样子，便告诉了艳红她的看法，她认为艳红之所以会出现目前的状况，虽然原因是多方面的，但最主要的一条，就是艳红犯了职场中的大忌——太情绪化了！

听了同事的劝告，艳红有些醒悟。其实，艳红也想让自己“老练”和“成熟”起来，然而，一碰到让人恼火的事情，她就是控制不住自己的情绪，尽管事后觉得自己有失理智，但当时就是不能冷静下来。

久而久之，艳红在公司里备受冷落，同事们也不敢轻易和她说话了，艳红的事业陷入了彻底的困境之中。

类似艳红这种情绪化的反应，可以说是职场女人最容易出现的一大弱点，据调查，有80%的人认为，性别已经不再是制约女人晋升和发展的瓶颈，而性别给她们自身带来的种种性格上的弱点——情绪化，现已成为她们职业发展的最大障碍。

女人一定要学会坚强，因为职场不相信眼泪，你可以有情绪，但发泄时一定要远离办公室，特别是要远离上司。

在很多人看来，姗姗是一个相当出色的职场女人——聪明、漂亮，有上进心，做事力求完美，但是，和她真正接触过的朋友，或和她一起工作过的同事们都十分清楚，她唯一的毛病就是爱哭！

有一次她辛苦设计了一个月的方案，本以为一切就要完事了，但方案中一篇重要稿件却被领导否定了。姗姗遭遇这种状况，立刻蒙了。接下来，全办公室的人都被姗姗响亮的哭泣声惊呆了——姗姗大雨滂沱地哭了足足10分钟！从此，姗姗便不再受欢迎。

假如你有心要成就一番事业，就千万不要在别人面前亮出你的底牌，要学会控制你激动的情绪，不要乱发脾气，不要轻易掉眼泪，要懂得如何“伪装”自己的心情、掩饰自己的表情，要勇敢地去面对失败和压力。只有这样，你才能赢得同事和上司的认可，你才能顺利开展你的工作，你才能为自己赢得那片深邃湛蓝的事业天空。

女人智慧感悟

眼泪和脾气是女人的天性，这无可非议。但这对于工作中的女人是没有好处的，眼泪只能让别人在私下里对你产生同情，而在工作上则会对你失去信任。如果遇到一点小小的困难，就发脾气和流眼泪，而不能够独自面对，别人也会对你的能力产生怀疑。

白领女性的心病根源

传统观念似乎将女性生活目标只定位在了丈夫、孩子和家务上，使得追求事业成功的女性往往被扣上了女强人的帽子，而男人的成功则被认为理所当然。这就给一些职业白领们无形中带来了一种社会压力，导致了心病的产生。

随着生活中成功的女性越来越多，榜样的力量也开始发挥着作用。人们习惯用“上得厅堂，下得厨房”的标准来描绘理想的女性形象，这恰恰使那些具有完美主义情结的女人们背负了自我实现的双重责任。她们在竭尽全力追求事业成功的同时，如果没有料理好“家庭内务”，就会陷入自责或者被舆论指责。而人生中，其实很多时候，尽善尽美总是“吃力不讨好”的。

有一种关于“女强人综合征”的说法。它是从美国的林恩·门辛格教授指导下完成的调查而得来的，调查表明许多年轻女性由于太追求完美，给自己的压力太大，结果患上了厌食症等疾病。

究其根源，职业女强人在“白热化”的职场竞争中，本就分身乏术，同时“完美主义情结”作祟，也使这些女性压力缠身，无法解脱。女人们背负着家庭事业双重负担，一旦哪个环节处理不好，就容易导致精神崩溃。

吴泽是一家网络分公司的经理，总部下属5个分公司，各项指标，她的公司总是第一名。其他几个经理，个个铆着劲想超过她，所以她每日每时，不敢有丝毫懈怠。现在她的脾气越来越坏，有时还发火摔东西。

她确实能干，产品的每道工序，她都烂熟于心；出了不合格产品，只要看一眼，就知道问题出在哪道工序。她严密地关注着每一个环节，常常几天几夜地战斗在公司。

她又想顾好家，所以请了两个钟点工，一个烧饭，一个打扫卫生；儿子每门主课都请了家庭教师。但这样并没有让她省心，儿子的成绩始终维持中等水平；还听说丈夫和以前的女同学走得很近，等等。

从前总是笑容可掬的她，现在腰酸背疼，经常失眠，还常常无来由地发火训人，她的暴躁易怒惹得手下人人不满，怨声载道。

人所扮演的角色，与人的心理健康密切相关，当一个人成功地扮演了各种角色，既满足了社会的期望，又满足了个人的需求，那样才能过上正常的生活。

吴泽的现象表明她人为地给自己增添了过重的负担。逞强好胜的性格使她患上了忙碌不止却总感到不满意的心病。如果她能合理安排好时间，以合作的态度与手下共同承担责任，共同做事，学会给自己减压，那她就会有更多的时间，去担任“妻子”和“母亲”的角色了。

既已知道白领女性们的心病根源所在，就要对症下药，采取措施。

第一，要学会摆正位置，不要刻意地将自己定位于“女强人”的位置上。成功的女性是各种因素共同作用的结果，不要人为地让自己承载过重而不必要的压力，这个世界没有完美。要学会欣赏自己，欣赏他人，时刻保持愉悦的心情。

第二，学会自我调节。当你感到无力、疲劳，并且休息过后仍然得不到缓解时，可能这些问题是由你的紧张心理引起的。当你很容易和别人发生争吵，为了很小的事情就火冒三丈时，就该注意是不是自己心理开始失调。要学会放松心灵，一旦意识到自己由于工作压力或社会压力过大而发生心理问题时，可以通过晨跑、听音乐、逛街、与朋友聊天等任何你喜欢的方式进行自我排遣，缓解心灵压力。

第三，保持规律的生活习惯。多吃有益健康的水果、蔬菜等都是拥有良好心态的前提。

第四，保持轻松愉快的心情。许多白领女性由于心理压力过重，再适合自己的职业都无形中变成了自己的一个心灵负担。其实真正有智慧的女人是很会发挥自己的女性优点的，并且还能利用自身的长处，上下沟通，处世圆滑，成为团队的中坚力量。

女人智慧感悟

有智慧的女人追求完美，但从不苛求完美。她们会将追求完美的心态转化成行为动力，合理地安排好自己每一天的生活。

让自己成为“减压高手”

你是否觉得自己快要崩溃了：单位里的业务，让你精神紧张、情绪烦躁；与同事的关系，微妙而复杂，让你头疼欲裂；与男友的感情也如没有终点的长跑，不能带给你一丝安全感。沉重的压力如影随形地跟随着你，避无可避地成为了你生活的一部分。

白领女性的职业病与日俱增和她们不能对工作压力说“不”，不懂自我调节有很大的关系。对此心理学专家开出了下列药方，让女人们学会自我调剂，恢复健康与活力。

1. 韵律呼吸法

当一个人精神紧张时，他会不自觉地改变呼吸的方式，从而增加了压力的严重程度。以下是一个很好的运动：合上双眼，将精神集中于鼻孔所吸进和呼出的气体，感觉气体擦过鼻中的茸毛、呼吸道进入自己的胸部，胸部里有一个气球开始胀满，然后呼气，体会一点一点收缩的感觉。每日做数次这个练习，你会感到心平气和，富有韵律的感觉就像浪涛拍岸。若从今天就开始练习，两星期后你便会在睡觉时不自觉地以这种方式呼吸，从而达到放松的效果。

2. 有氧运动

专家指出，运动是消除压力最全面有效的方法，无论哪种有氧运动都很有效，如，跳舞、骑车、旅游、缓步跑，即使不达到汗流浃背的程度，也能达到松弛之效。

3. 以音乐调节情绪

女人们应依个人的喜好选择所喜欢的音乐，音乐能有效消耗身体能量、减低压力、改善低落情绪，使你达到更好的放松。

4. 放纵购买欲

购物是发泄情绪的好方法。购物所带来的快感不单在于所购买的商品，投入购物的过程也会让你的不快一扫而光。但一定要注意购物时要量力而行，万不可债台高筑，反而给自己带来更大的压力。

5. 为自己扮靓

美丽本身就是让人愉悦的，好好地打扮一下自己既悦己又愉人，还给自己的生命注入了生机和活力。另外，做桑拿按摩、修甲、美容，都会让你身心放松，拥有自信。

6. 收拾凌乱的东西

当你情绪低落时，你的家、办公室也会和你的心情一样一团糟，甚至让你变得更加拖沓，无精打采。有条不紊地将它们整理完毕，将文件与杂物分开，按类归档，要回的信件马上回复，再选上一盆鲜花作为房间或办公室的点缀，相信你的心情也会变得豁然开朗。

7. 慢动作行事

在15分钟内，以极慢的速度进行任何动作。例如，将每个字慢慢地字正腔圆地读出，若要拾起掉在地上的东西，应慢慢地弯腰拾起，这种练习可使你神经松弛。

8. 想想自己的得意事

正面地肯定自己往往比消极的自我评价要好得多，想想得意事也可减低你的紧张程度。对自己微笑，告诉自己：你是最棒的！

9. 学会说“不”

习惯于逆来顺受的女性更应该学会适当的拒绝。对自己不愿意的事情说“不”，会增加女人们的自我价值感，而且学会说“不”也是一种成熟的体现，女人驾驭自我生活的能力得到提高，精神压力也自然会减轻。

10. 放松肌肉的练习

让全身的主要的肌肉群，如眉毛四周的肌肉，嘴周围的肌肉，颈部，脊椎周围，胸部，手臂，腿……处于绝对紧张然后完全放松下来，闭上双眼，想象自己躺于软绵绵的白云上，飘于空气中。想象自己所看到的东西、听到的声音，甚至能感受空气中的湿气。

都市生活的一大弊端就是人际隔离，都市中到处是人碰人、人挤人，但彼此互不认识、互不关心，结果形成的现实是人与人之间的物理距离越来越近，心理距离却越来越远，从而产生孤独感。学会自我调节，给自己减压，能助您解除与社会的隔离感，从而将一个人的生活变成享受。

女人智慧感悟

在现今社会中，情商已成为人们获取成功的重要因素。有智慧的女人绝不会被动地让重重压力和不良情绪主宰自己，她们善于自我调节以适应复杂的社会环境，让自己在竞争中以绝对的优势压倒众人，脱颖而出。成为一名“减压高手”，是成功女性的必备素质之一。

第十章　清楚自己要什么、靠什么

人不但要有自知之明，还要有知人之智，女人尤是。每个人从出生起就不可避免地置身于各种关系之中，身为女人只有对人与人之间微妙的复杂关系有充分的了解，才能给自己创造一个和谐宽松的人际环境，才能根据自身所需，明白自己真正需要的是什么，成功路上还需要进行哪些准备。

你要的是什么，自己心里要有数

梁实秋曾经说过："中年的妙趣在于相当地认识人生，认识自己，做自己所能做的事，享受自己所能享受的生活。"对于一个现代女性来说，对自我的认知并不一定是中年人的特权。

在瞬息万变的社会里，明确知道自己曾去过何处，今后又要去往何方，生命才有意义。

有这样一种说法：生活品质的提升前提是知道自己想要什么。初听上去，这似乎是很世故的套话，没有表达什么实质性的内涵。事实上，在人的内心深处，的确需要一些目标和框架。

作为现代女性，不应该仅仅只是能够从容面对生活，更要能够倾听自己的内心，创造自己想要的生活。对于一个女人来说，自知是她的源泉。自知的基础是有主张有认识，知道自己在做什么，知道自己想要什么、能要什么。无论自己有什么想法，只要能被轻易左右的都是没价值的，能被轻易打乱的都是不够坚定的。有了生活目标和事业追求以后，相信自己一定能行，相信自己能够达到自己想要的那个样子。自知衍生从容，从容导致坚定，坚定决定成就，成就成全安详，女人要知道自己究竟想要什么，才可以活得精彩辉煌。

在我们周围，太多太多的人是生活的被动者，每天疲于奔命，像一只没头苍蝇一样跌跌撞撞，或者把自己扮演成了一个消防队员，急着赶着去扑救生活中的“火灾”，每一天都在毫无目的地庸庸碌碌中度过，然后，百般懊恼，埋怨命运不公。就像印度诗人泰戈尔所说的，当你为错过太阳而流泪的时候，你已经错过群星了。要知道，生活就是一面镜子，你如何对待生活，生活也会如何对待你。没有明确目标的人，真是连祈祷都无门，神都会说：“你自己都不知道自己要什么，我又怎能给你想要的生活?”

要知道，没有明确的目标，你就永远无法到达终点。无论何时何地，要明确自己的目标。多少人每天忙忙碌碌埋头苦干，为工作和生活压力所迫，渐渐开始淡忘了梦想，目标开始模糊，不知往何处去。

每一天，我们都会遇到对自己的人生和周围的世界不满意的人。你可知道，在这些对自己处境不满意的人中，有98%的人对心目中喜欢的世界没有一幅清晰的图画，他们没有改善生活的目标，甚至没有一个人生目标来鞭策自己，结果是。他们继续生活在一个无意改变的世界里。

每年年底的时候，公司总是会要求你对一年的工作做出总结，对新一年的工作做出规划。尽管这好像是例行公事，但事实上，回顾自己这一年来的工作，为新的一年的工作做个计划是很有必要的。当你为去年一年的收获而欣喜时，你必须问自己：新的一年我准备做什么？有什么新的计划？这一年里我要完成什么样的目标？有了新的目标，你就像在茫茫大海中航行的小船看到了前方照明的灯塔，就能够瞄准目标，加快速度，全力前行。

如果有机会的话，找一个安静的、不被打扰的空间，与自己的心灵对话，列一张清单，把那些你真正的想法具体表述出来，越详细越好，或许你会惊讶，原来，那些名牌的时装并不是你真正想要的东西，放下所有的包袱去九寨沟或者巴黎旅游才是你的短期目标。

聪明的女人给自己定下目标之后，目标就在两个方面起作用：它是努力的依据，也是对自己的鞭策。目标给了你一个看得见的射击靶。随着你努力实现这些目标，你就会有成就感。对许多人来说制定和实现目标就像一场比赛，随着时间推移，你实现一个又一个目标，这时你的思想方式和工作方式也会渐渐改变。

这点很重要：你的目标必须是具体的，可以实现的。如果计划不具体，会降低你的积极性。为什么？因为向目标迈进是动力的源泉，如果你不知道自己向目标前进了多少，你就会泄气，甩手不干了。

让我们看看一个真实的例子，说明一个人若看不到自己的目标就会有怎样的结果。

1952年7月4日清晨，加利福尼亚海岸笼罩在浓雾中。在海岸以西21英里的卡塔林纳岛上，一个34岁的女人涉水下到太平洋中，开始向加州海岸游过去。要是成功了，她就是第一个游过这个海峡的妇女，这名妇女叫费罗伦丝·查德威克。在此之前她是成功游过英吉利海峡的第一个女性。

那天早晨，海水冻得她身体发麻，雾大得连护送她的船都几乎看不到。时间一个钟头一个钟头过去，千千万万人在电视上看着。有几次，鲨鱼靠近了她，被人开枪吓跑。她仍然在游。她的最大问题不是疲劳，而是刺骨的水温。

15个钟头之后她又累又冻浑身发麻。她知道自己不能再游了，就叫人拉她上船。她的母亲和教练在另一条船上。他们都告诉她海岸很近了，叫她不要放弃。但她朝加州海岸望去，除了浓雾什么也看不到。几十分钟之后——从她出发算起15个钟头零55分钟之后，人们把她拉上船。又过了几个钟头，她渐渐觉得暖和多了，这时却开始感到失败的打击，她不假思索地对记者说："说实在的，我不是为自己找借口，如果当时我看见陆地也许我能坚持下来。"人们拉她上船的地点，离加州海岸只有半英里！后来她说，令她半途而废的不是疲劳，也不是寒冷，而是因为她在浓雾中看不到目标。查德威克小姐一生中就只有这一次没有坚持到底。两个月之后她成功地游过了这个海峡。她不但是第一位游过卡塔林纳海峡的女性，而且比男子的纪录还快了大约两个钟头。

查德威克虽然是个游泳好手，但也需要看见目标，才能鼓足勇气完成她有能力完成的任务。当你规划自己的成功时千万别低估了制定可测目标的重要性。

还有非常重要的一点：聪明的女人总是事前决断，而不是事后补救。聪明的女人未雨绸缪、提前谋划，而不是等别人的指示。聪明的女人不允许其他人操纵自己的生活进程，因为她们知道，不事前谋划的人是不会有进展的。聪明的女人会举出诺亚为例——他可没有等到下雨了才开始造他的方舟。

女人不知道自己要什么很正常，因为一生下来就不知道，但要知道自己不要什么并不容易做到。有可能一生都无法知道。这里指的不是战争、饥饿、苍蝇、蚊子等不好的东西，而是好东西，比如升职、加薪、分房、出国进修、海外轮岗。你一定要问，有什么理由拒绝这些好处呢？唯一的理由是，如果得到这些利益，你将离自己最想要的东西越来越远。任何利益都有附加条件，当这些附加条件不符合你的最高利益时，它们就是利益的代价。

这样的利益越多，代价就越大，我们就会离真正的目标越来越远。想想看，有多少人为了分房子而付出职业发展的代价，为了升职或提高收入而去做自己不擅长也不热爱的工作；又有多少人明知自己适合也愿意做职业经理人，却抵不住诱惑，去做创业者，把生意做得一塌糊涂。

《大学》里有这样一段话："知止而后有定，定而后能静，静而后能安，安而后能虑，虑而后能得。"朱子注："止者，所当止之地，即至善之所在也。知止，则志有定向。静，谓心不妄动。安，谓所处而安。"知止，就是有明确的目标和方向，有定就是能够使自己志向坚定；志向坚定才能够心不妄动；心不妄动才能够所处而安；所处而安才能够思虑周详；思虑周详才能够有所收获。在今天这样一个充满了诱惑与欲望的时代，要做到“知止”、“有定”、“能静”、“能安”就显得尤其可贵。在功利心的驱使下，人人要求“能得”，而且还要“多得”、“快得”，女人们在这样的外界环境下，难免受到来自各方的诱惑，能否保持定力不受干扰坚持自己的人生方向，就要看能否做到“知止”。“知止”是每一个女人活到老、学到老的必修课。

鞋子合不合适只有脚知道，工作合不合适只有心知道。以自己的心和职业激情为依据选择工作，以便让自己保持对工作的持续热爱，这虽然是一种理想，但我们都有机会尽量靠近它。靠近的条件不仅要有明确的职业目标，还要懂得放弃不符合职业目标的利益，并培养放弃的勇气和能力。面对选择时，我们要坚持做自己最想做的事，而不被眼前利益所左右。即使一时不知道自己要的是什么，也不去要那些明知自己不真正想要的好东西，免得受其牵累。

女人智慧感悟

人活着要有目标，要知道自己要什么不要什么，然后不懈地去努力。尤其对于女人，作为很容易迷失自我的群体，她们的感性总大于理性，所以生活中要有自己的目标，更要清楚自己要什么，不要什么。

成功靠自己，还要有众人的帮助

有的女性朋友自觉不自觉地把提升经济地位的希望寄托在另一半身上。如果幸运地嫁给了一位有经济实力的男士，婚后便不再把工作当回事，心安理得地享受着丈夫所给予的一切，同时也恣意地消蚀着自己的独立能力，心灵空间也因此变得越来越狭小。但随着社会的进步，女性独立意识的提高，女人们渐渐地摆脱了传统观念的束缚，走上了自我发展的道路。

女人要想获得成功首先要靠自己，靠自己就得了解自己。女人有哪些先天后天的可利用优势呢？

首先，展示美会让人赏心悦目，拥有好人缘。由内而外散发的美是女人身上真正的美丽，这就是为什么现实中那些经过刀工斧凿的“美女”们不能吸引人的主要原因了。生命本身就是真实的、自然的。我们只有尊重、顺应它，才能得到爱与美的真谛。

其次，人生阅历也会锻炼女人的身心，使其具有敏锐的洞察力：知人之智与自知之明。

最后，良好的心态、口才、文化素养等都是女人可利用的资源。她可以让女人厚积薄发，光彩照人。

然而，众人拾柴火焰高，在这个讲求合作共赢的时代，女人在这个社会中打拼同样也需要“好风凭借力”，方能拥有“春风得意时”。

也许我们能从夏奈尔的经历中感悟到些什么。

夏奈尔是世界知名的夏奈尔香水的创始人，她的成功历经了艰难曲折的过程，在这个过程中起主导作用的，就是一定要实现经济独立的坚定信念。

1883年8月19日，被后人誉为“巴黎时装女皇”的可可·夏奈尔，在法国南部的一个小镇索米尔出生。或许是“天将降大任于斯人也，必先苦其心志，劳其筋骨”吧，这个看起来极为不起眼的小女孩自此后便开始品尝人间的风雨和冷暖。

母亲刚生下她不久，身为小批发商的父亲便遗弃了这对母女。夏奈尔6岁时，一场大病又夺去了母亲的生命。母亲的不幸去世，使小夏奈尔彻底成了无家的孤儿，于是，她被人送进了当地教会办的孤儿院。

虽然夏奈尔的童年与少女时代的生活是不幸的和封闭的，但这完全不能禁锢住她渴望自由飞翔的心灵。16岁时，正处于花季的可可·夏奈尔终于无法忍受孤儿院与世隔绝、清冷和乏味的生活了。在一个深夜，这个勇敢的少女大胆而果断地翻出了那面囚禁了她的行动，却囚不住渴望自由的年轻心灵的院墙，跑到了离家乡较远的穆兰小镇上，开始重建她独立、全新的生活。

这期间，当地有个名叫艾蒂安·巴尔桑的富家子弟，与夏奈尔一见钟情，坠入爱河。

心中涌动的澎湃激情使夏奈尔不甘心一辈子只生活在狭小的穆兰小镇，她非常渴望看看外面的世界，迫切想出去见见大世面。于是，在20世纪初的某一天，在夏奈尔的请求下，巴尔桑不得不把这个不甘寂寞的乡下孤女带到了繁华的世界大都市巴黎。

热闹繁华、光怪陆离的巴黎使夏奈尔感到这里是那么的新鲜，那么的有趣，眼花缭乱的一切让她激动不已。夏奈尔经常流连街头，细心地观察研究过往行人的衣着。爱美的天性，让夏奈尔很快就在这个五光十色的大都市发现了她不解的问题，她对身边的朋友发出疑问："巴黎女人们为什么穿的都是毫无时代感的衣服呢？在如此发达的大都市，为什么女人们的穿戴都是那么的死气沉沉，那么的保守而没有时代气息呢？这真难以置信，这怎么能算大都市的女人呢？我可不喜欢这些'老土'的东西！"

艾蒂安·巴尔桑的纺织业家世引领夏奈尔进入了上流社会。这个第一位出现在夏奈尔生命中的法国乡绅，让大部分时间都处在教会学校的夏奈尔首次见识到了法国上流社会的奢华和真实。

夏奈尔躲在阁楼上偷读的小说中的男女主角，就活生生地在她的跟前，夏奈尔心中澎湃不已。她普通的衣着比不上贵妇们华丽的衣着，淳朴的生活与四周富丽堂皇的装潢格格不入，但是夏奈尔暗暗地在心中发誓："早晚有一天，我会拥有这一切的，早晚有一天，我会成为你们中最让人羡慕和崇拜的一位！"

在不断地观察和思考中，她惊喜地发现——巴黎确实有一片蕴涵着巨大商机的急待开垦的"处女地"。夏奈尔雄心大发，她决心要做一名巴黎服装业的拓荒者。

可可·夏奈尔精湛的骑术让她得以快速打入男人世界，她常常以一种异于当时、夸张的服装风格出现。当她穿上自己裁制的简约服装，穿上向男友借来的马裤，出现在跑马场上时引起众人的议论纷纷时，就在男人喜欢她、女人嫉妒她的交错背景下，可可·夏奈尔在上流社会成了名。

这一切，夏奈尔都归功于她特立独行的服装和打扮。因此，她对自己选择服装业的未来充满了信心。

夏奈尔在男人身边观察到，男人的权力不是来自他们的家庭，而是经济独立。这个骨子里就带着不安分，血液里流淌着叛逆精神的女人，为了自由，为了能拥有一小片属于她个人的天地，她最终选择了事业，而抛弃了儿女情长。这对于一个女人特别是一个没有什么经济来源的女人来说，实属不易。

正是缘于她始终坚持自己独立自强的观点，才得以让世界的服装业向前迈进了一大步。然而夏奈尔的成功也是和男友艾蒂安·巴尔桑的纺织业家世分不开的，如果没有艾蒂安·巴尔桑的引领夏奈尔不会轻易进入当时的上流社会并成为其中的一员，她的才华与抱负也就无从施展。可见一个女人要想成功要靠自己，但还要有别人的帮助。

女人智慧感悟

经济上独立了，心灵上也就解放了。如果你的精神受到了压抑，如果你对未来感到迷茫，那么增强自己的独立意识，只有自立自强才不会躲在男人的屋檐下避雨，也只有确立了独立思想的有智慧的女人才能“八面来风”，在天时、地利的配合下，人生的道路才能如鱼得水。

清楚自己要什么，还要知道别人要什么

在华为国际大厦的1606室里，林丽正在应征推销员工作。赵经理看着眼前这位身材瘦弱、脸色苍白的小姑娘，忍不住先摇了摇头。从外表看，这个小姑娘显示不出特别的推销魅力。他在问了姓名和学历后，又问道："干过推销吗？"

"没有。"林丽答道。

"那么，现在请回答几个有关推销的问题。"赵经理开始提问。

"推销员的工作是什么？"

"让消费者了解产品，从而心甘情愿地购买。"林丽流利地答道。

赵经理点点头，接着问："见面时你打算对你的客户说什么话？"

"今天天气真好，或者，你的生意真不错。"

赵经理点点头。

"让你把打字机推销给农场主，你怎样去进行？"

林丽稍稍思索一番，不紧不慢地回答："对不起，恐怕我不能，也没有办法把这种产品推销给农场主。"

"为什么？"赵经理对林丽的回答很好奇。

"因为农场主最需要的是拖拉机而不是打字机。"

这时，赵经理高兴地从椅子上站起来，兴奋地说："年轻人，很好，你通过了，我想你会很优秀的！"

赵经理心中已认定林丽将是一个出色的推销员，因为测试的最后一个问题，只有林丽的答案令他满意，以前的应征者为了显示自己的能力，总是胡乱编造一些办法，但实际上绝对行不通，因为谁愿意买自己根本不需要的东西呢？

要令人感兴趣，就要对别人感兴趣，提出别人愿意回答的问题，了解并满足对方的需求，这样便能够很快地缩短双方的距离，并达到自己的目的。

一位X光机器制造商，把他的设备卖给了布鲁克林一家最大的医院。那家医院正在扩建，准备成立全美国最好的放射科。怀特负责放射科，整天受到推销员的包围。他们一味地赞美他们自己的机器设备。

然而，有一位制造商名叫希尔，他却更具技巧，比其他人更懂得对付人性的弱点。

希尔写信告诉怀特医生，说自己所在的工厂最近完成了一套新型X光机的研制工作。这批机器的第一部分刚刚运到办公室来，它们并非十全十美，所以需要改进。由于他知道怀特医生是这方面的权威，因此，他邀请怀特抽空来看看，并提出宝贵意见，使它们能得到改进。并说他可以在指定的任何时候，派车子去接送。

怀特收到那封信感觉很惊讶，又觉得受到很大的尊重。以前从没有任何一位X光制造商向他请教，这使他觉得自己很重要。那个星期，他每天晚上都很忙，然而他还是推掉了一个晚餐约会，以便去看看那套设备。结果，他看得愈仔细，愈发觉自己十分喜欢它。

没有人向他竭力推销该套设备，他却主动向领导建议并订购了下来。这就是希尔掌握人的心理，在清楚自己要什么的同时，还知道别人想要什么，从而获得成功的典型说明。

人都有一种被尊重的需求心理，当你能把这种技巧娴熟地应用到实际之中时，许多难题都会迎刃而解，许多机会都会向你迎面扑来。

可见生活中处处存在着社交技巧，女人只有懂得了这些道理，才能在社交生活中通达、圆融，游刃有余。

女人智慧感悟

要想生活得更精致一些，工作得更出色一些，巧用智慧是必不可少的。做事直来直去的人往往更关心自己想要什么，而有智慧的女人则从“别人想要什么”入手，做事的效果自然也大不相同。

在男人的“世界”里取舍要有度

“独立”、“自主”的能力不是天生就具备的，它需要经过时间的磨炼、成长的历程才能发展、完善起来。其实这也算是一种成就。没有人生来即是个完善的个体。

有一个墨西哥女人和丈夫、孩子一起移民美国。当他们抵达得克萨斯州边界艾尔巴索城的时候，她丈夫遗弃了她，留下她束手无策地面对两个嗷嗷待哺的孩子。22岁的她带着不懂事的孩子，饥寒交迫。

虽然口袋里只剩下几块钱，她还是毅然地买下车票前往加州。她在一家墨西哥餐馆里打工，从大半夜做到早晨6点钟，收入只有区区几块钱。然而她省吃俭用，努力储蓄，将每一角钱都存下来。

这个女人要实现一个梦想——自己开一家墨西哥小吃店，专卖墨西哥肉饼。有一天，她拿着辛苦攒下来的一笔钱，跑到银行向经理申请贷款，她说："我想买下一间房间，经营墨西哥小吃，如果你肯借给我几千块钱，那么我的愿望就能够实现。"一个陌生的外地女人，没有财产抵押，没有担保人，她自己也不知能否成功。但是幸运的是，银行家佩服她的胆识，决定冒险资助。她25岁起开始经营自己的墨西哥肉饼店，经过15年的努力，这间小吃店扩展成为全美最大的墨西哥食品批发店。

她就是拉梦娜·巴努宜洛斯，曾经担任过美国财政部长。

有不少女人，喜欢把男人当做生活中的太阳，渴望过处处"亮堂堂"的生活，但是她们忘了，太阳也有照不到的地方，因此，她们常常失望。

现实生活中，有些女人无论物质或精神都一味地倚靠男人，有的即使物质上独立但在精神上也过分依赖男人，一旦男人有了问题就像天塌了一样。因为这种依赖，造成了男人在家庭里高高在上，女人缺乏话语权与安全感。这很大程度上来自于女性天性的脆弱和感情用事。有人说一个男人很容易一眼就喜欢上某个女人，而女人则常常会慢慢地爱上一个男人。

女人一旦有了爱情，就要把握好两人相处的尺度，人与人之间是有心理距离的，一味地腻在男人的世界里，取舍无度必使人腻烦，况且爱情也不是一张永恒的支票，长此下去必将透支。不错，初恋时的宠爱是女人幸福的源泉，可是爱人之间一旦建构了这样一种相处模式，日子久了，就会让女人产生严重的依赖心理，女人的撒娇一旦转成放纵，无理取闹，这时你们之间的危机也就到来了。

可见如果不能拿捏好与爱人相处的尺度，宠爱不但会蒙蔽女人的双眼，最终也将夺走女人为之骄傲的“幸福”。即使在爱情中女人也要让自己摆脱依赖心理，拥有独立性。同时，应该时时想方设法去“刷新”自己。时时“刷新”自己的女人，是一种积累，也是一种保值，更是一种增值。这样的女人，在处理家庭矛盾时，才不会懦弱，不会迷失自己，也不会妥协，更不会让生活变成无边苦海。她们会寻求到理智的解决方法，避免不该发生的悲剧，追求自己真正的幸福。

女人们要记住：不要无原则地看重一个男人，不能把自己的一切都押在男人身上，不能对他们太依赖。男人有他们自己的空间，他们其实不喜欢女人占据他们太多的个人空间，他们需要自由，被束缚的感觉会让男人恐慌和恼怒。有的男人在他的征服欲得到满足后，便是他冷淡你的开始，致命的是这个时候女人往往已死心塌地爱上了这个男人，所以最后日日盼望，日日失望，日日伤心的只是可怜的女人。不要依赖男人，女人也应该有女人自己广阔的空间，也可以活出自己的精彩。

女人应该有自己的事业，这样生活才会充实，不要想着去花男人的钱，不要给自己懒惰的机会，自己努力地工作，努力地赚钱，用自己赚的钱把自己打扮得更漂亮，而不是靠男人。其实自己赚钱也是一种幸福，虽然会很辛苦，但是很独立，多和朋友在一起，爱情不是一个女人的全部。

现代女性要有主见，才不会迷失自己，如果任何事情都要男人做选择，没有自己的观点，只会让他离你更远。女人要有头脑，有思想，有自己的人生规划，不要把你的权利交付给别人，要维护好自己的形象。

女人智慧感悟

女人不要太在乎和依赖男人，无论是经济上还是精神上。现代女性要学会独立，在人格上也要勇敢、坚强、理性地独立起来。独立了，才容易赢得别人的尊重，也会有更高的家庭地位。

女人，万不可迷失你的目标

职场并非处处坦途，它也会有未被开垦的原始森林。而在这个潮流瞬息万变的时代中，女性只有坚定目标，才能冲破迷雾，走出迷宫般的原始森林。

可是，在职场上，很多女性总是害怕前途渺茫，轻易放弃自身追求的努力，丧失了自救的机会；或是退而求其次，在不断地游移之中，消耗掉了本身的雄心大志，虽然跟随着别人走出了原始森林的迷宫，却失去了探险的勇气，安于琐碎而烦闷的生活。那么，在职场中如何树立并坚定自己的目标呢？

1．**现实性**

制定一个现实的目标非常重要，这是最终可能成功的根本保障。刚刚进入职场的女性要认真分析自己的专业、性格、气质和价值观等，找出自己的特点，弄清自己到底想要什么，想要一个怎样的结果。然后根据自己的实际情况，制定一个能够实现的目标，这是成功迈入职场的第一步。

2．**具体化**

常言说得好，无志者常立志。确实，有些人经常确立目标，但最终却没有一个真正的目标。制定的目标一定要具体，因为我们只能根据具体的目标去制订具体的计划。如果你不知道具体做哪些事情才能够让老板愿意给你加薪水，那么你的加薪梦想肯定会泡汤；如果你不知道应该背哪些单词、应该背多少个单词，而是从字典的任意一页，开始任意背几个单词，这样的目标就算实现了也实际上没什么效用。

同样，为了完成减肥计划，你不会笼统地说："我要在六个月之内变得更健康一些"你可能会很具体地说："在半年之内，我要减轻20斤体重"，或者"半年之内，我坚持每天跑它两三公里"。

3．**书面化**

每个人都有不同程度的惰性，这是人类的基因所决定的，甚至不是大脑可以控制的。我们的惰性几乎可能以任何形式发作。如果你不把你的目标写下来，那么，很可能从某一天开始你就"忘记"

了你曾经制定的目标。惰性的具体表现形式是让你“合理地”觉得并且相信“我还有那么多其他重要的事情做呢……”直到有一天你突然想起“哎呀！一个月过去了，我怎么忘了这件事儿呢！”而这样的念头过后，放弃几乎成了再自然不过的事情。

所以，一定要把已确定的目标写下来。甚至可以写到很多张“随手贴”上，然后贴到很多你每天必然能看到的地方，比如镜子右上角、马桶正对面的墙上、冰箱里放酸奶的地方……这种“反复地强化目标记忆”是非常重要的，它会使你不由自主地觉得已经确定的这个目标是最重要的事情。

4. 因势调整

真正现实的、具体的，即可能实现的目标往往是动态的，因为我们不是生活在一个静态的世界里，并且我们自身也在不停地变化。

随着计划的不断实施，我们慢慢发现原本看来很现实的目标其实并不现实，或者原本看来具体的目标其实并不具体；也有这样的可能性：随着时间的推移，我们竟然发现已制定的目标并不是我们真正想要的；或者还有这样的可能性：突然发生了某些事情，导致原目标不得不暂时搁置，因为该突发事件更加紧急……

所以，要成为一名成功的职业女性，你应该把自己的目标适当地放在大环境中衡量一下，而且在执行目标的同时，必须时刻调整自己的心绪，不要让自己的坏心情把目标断送。

在当今社会，大多数工作是不分性别的，只要你能力卓越，就会有一个适合的职位在等着你。而你无论身处顺境，还是逆境，都始终把握自己选定的目标，坚定不移地走下去，才能抓住属于你的机会。

女人智慧感悟

女人不管做什么事，都要有目标。大部分女人希望自己是女强人，或者希望自己家庭幸福，这就是目标。目标是女人生活的方向，没有目标，生活、工作必定一团糟。这个目标，诱惑着女人，引导着女人，使女人步入更高的人生境界。

学会与已婚男人交往

女人们在生活中打拼，不可避免地要和各种人打交道。职业女性与已婚男人接触时必须保持适当距离，不可因他的社会地位高而出卖自己。与已婚男人纠缠引发的困扰，是职场中的你必须避免的。

职业女性打天下时，最危险的障碍物就是已婚男性。他们有些由于在事业奋斗过程中吃过不少苦，为了寻求一些补偿，往往会逢场作戏或是及时行乐，趁机放肆一番。也有些男性事业成功了，就想在情感上证明自己，并且把自己的“多财”身份当做获得自信的筹码。他们会像在事业上一样，善于利用职权和手段向女性调情。比如你的男主管可能会让你留下来加班加点，并借机请你吃消夜，和你套近乎。因为他知道因工延误，即使回家晚了些，也有正当“理由”。对于某些女性来说，这些男性是最有魅力的。

女人们在与异性接触时，要多用慧眼观察一下，对方是不是上面说的那种人，有智慧的女人常能巧妙地处理好两人之间的关系，既对彼此没有伤害，又无损于个人的声誉。

女性切忌与已婚男性发生情感纠葛，其理由如下：

①做情人得到的只是男人的一部分，这类男人不可能离开太太与你缔结婚姻关系；

②这类男性在与你进行秘密交往时往往因内心的负罪感而顾虑重重，东遮西掩而不能全然投入；

③公开场合中你不能露面，圣诞节或过新年时，你只能独守空房，让你独自寂寞到天明；

④作为他的情人你要耐心倾听这类男性的满腹牢骚，诸如：他的太太不理解他，床上不够温情，爱花钱，等等。

最可怕的是在与这类男性交往时遇到他的太太，那将会是一种什么样的情景呢？他的太太会是一种什么反应呢？一位未婚女性在社交场合，能容忍所爱的男性抛下她而去陪伴他的太太吗？如果你的内心已付出了真爱，那会是一种怎样的痛呢？如果你同时又是一位善良的女性，那么你又将如何面对自身的负罪感呢？

为了防止已婚男性（特别是本单位的已婚男性）的纠缠，你最好找个第三者加入。如果是在一个相对保守的公司里，而他的身份比你高，他会更在意自身的形象，如果他的身份不如你，那么他的动机将既可怕又可疑。

无论你是一个思想前卫、开放的女孩子，还是一个有阅历、有涵养的职业女性，都切记不要和已婚男性发生关系。这场恋爱注定是一段没有结局的痛并快乐着的旅程。女人们在这段旅程之中消耗的是爱、青春，丧失的是理性、激情与自我价值感。

要知道这场恋爱中真正的主角只有女人自己，受伤害的也只有女人自己，不论他的太太还是你。起初，这个男人可能并不否认自己已经结婚，但他会说他的婚姻不美满。他还说他们二人有一条协议，就是谁找到合适的对象，即可办理离婚。他会说你是他最理想的伴侣，认识了你生活才有意义，会说你对他的事业一定会有很大帮助，会说他如何尊敬职业妇女，会说他以后的事业完全按你的建议来办，等等。而当你正面与他摊牌要求与他结婚时，他一定会找种种借口来打退堂鼓，或者干脆让你见不到他的踪影。对于这种人的花言巧语，你应早有准备，早有对策，千万不能被他迷惑，不能被他收买。

女人智慧感悟

有智慧的女性在与已婚男人交往时往往有自己的底线，她们懂得如何保护自己，她们机智地于进退中拿捏好交往的尺度，既办成了事，又不得罪人，更不会利用别人的感情。她们绝不会让自己轻易跨越情感的雷区，害人害己。

靠姿色靠青春不如靠能力

人们常说：一个成功的男人背后，总有一个坚强的女人；而一个成功女人的背后，常是一个伤她心的男人。

一直以来，有两种女人很受世人的追捧和男人的追慕，天生丽质、婀娜多姿的美女便是其中之一。

在市场经济条件下，知识是有价的，美丽也是有价的，脸蛋、身材、一颦一笑乃至风韵气质都有价，只是这种价值不像知识和能力一样会随着年龄和阅历的增加而增长，反而会逐渐消失，甚至一文不值。

青春和姿色对女人来说确实是两件法宝，给女人的生活和事业带来了许多方便，但它们是短暂的，终有消逝的时候。女人要想获得成功和尊严，还是要靠自己的能力。

聪明的美女懂得将美丽转化为资本，在市场中升值，美女加智慧才是真正的强强组合。

因出任申奥形象大使而赢得满堂喝彩的香港阳光文化网络电视有限公司主席杨澜，再次让人们睁大了双眼，阳光文化以部分换股、部分现金的方式拥有了新浪16%的股权。杨澜在不动声色中坐上了新浪第一股东的交椅。这位外表柔弱美丽的女人再一次展示了她“全能女人”的风采。而在杨澜的成功神话中，最经典的就是她的

“智慧”。

这是对于单身的美女来说的，而相对于热恋或正在感受婚姻幸福的女人来说，独立的能力绝对是她们增值的最大法宝。

拥有独立能力的美女们好比黑夜里的郁金香，默默地散发着属于自己的一缕芬芳。她们通常是被男人们所欣赏的那类女人。在所有的男人心目中，都渴望自己的女友或妻子能成为与自己同进退、心有灵犀的红颜知己，只可惜这样的女人少之又少，这不仅是男人的悲哀，也是女人的悲哀。

就像众多美女们向往成为诸如电影《2046》里的黑珍珠、《甜蜜蜜》里的展翅一样，她们皆希望同主人公一样因为独立而显得充满自信，令自己平添一种令人赞赏的迷人气质。

那么，美女们如何才能拥有这种独立的能力呢？两个方面——精神与物质上的独立，它们缺一不可。

精神上的独立对于女人来说是最重要的，因为大多数男人是活在物质中的，而大多数的女人却是活在精神里的。女人的精神世界是在无比神秘和无比丰富的内心里，女人精神方面的独立是对自己的确认，当女人的精神世界被别人支配时，这个女人就十分悲哀。

千万不要担心因为你精神上的独立而遭到男友或者老公的鄙视，你要记住：独立的女人是男人的良师益友，亦是男人心头一颗永远的明珠。他们反而会因为你的独立、不卑不亢，没有轻佻的奴颜媚骨，没有市井泼妇的尖酸泼辣而越发地欣赏你的与众不同，越发地珍惜你。

女人只要学会了在精神上的独立，学会遇事冷静，临危不乱，就能拥有独立的头脑与能力。

当然，在这个物质世界丰富的社会，物质上的独立能力也是不容忽视的，作为一位美女只是靠姿色或者青春换钱花的话，那么她必定是可悲与不齿的！

任何一个女人也不愿意接受在向男朋友或者老公要钱的时候，他们脸上所流露出的一丝一毫的不屑！所以，拥有独立能力的美女们都会拥有自己的收入，哪怕是仅够自己消费，那也是值得自豪的事情。

放下美貌与身段，投入到一份得心应手与热爱的职业上去，你不但能够收获物质上的独立，还能收获众多的人生乐趣，让你享受创造价值的愉悦以及感触社会的进步。当然物质上的独立个性还不只这些，对于一位要强的美女来说，积极进取才是物质独立与自身价值最完美的结合。

具体做法，相信众多的美女们都尝试了，而且效果显著：

①积极承担责任与职务，让众人刮目相看。

②敢于踊跃发言，显示大方文雅的一面。

③懂得推销自己，展现自己的工作能力，颠覆自己徒有其表的“花瓶”形象。

④虚心地接受意见，自傲是自我价值的自贬。

女人智慧感悟

你的美丽人生将从你独立能力的提高开始，逐渐地让自己远离靠青春、靠脸蛋被动生活的局面，逐渐地让自己拥有更深刻的内在魅力与能力，让你的价值在青春美丽的基础上倍增。

第十一章 明白自己选什么、弃什么

人生就是一个充满选择的过程，只要你所选择的是你真正想要的，你所遗弃的是你不必要的负担，那么你就会走出一条充满理性的道路。女人们常常会在生活中的各种诱惑面前产生困惑，记住：鱼与熊掌不可兼得。过多的贪求最终只会两手空空。女人们还要注意，不要在人生的困境中给自己背上无谓的心灵枷锁，必竟，肯放下的女人最轻松。

不抛弃，不放弃

任何成功都不可能是一帆风顺的，都离不开“坚持”二字，即成功者为了实现目标、实现自我的人生价值，必然都有一股不达目的绝不抛弃或放弃的精神。这也正是女人最可贵的闪光点。

叶玉如教授在香港科技大学，和自己的团队每日都穿行在各种仪器和试剂瓶之间，小罐装的中药材尤其显眼，叶玉如和她的团队正从事的研究：从中药中筛选治疗神经性疾病的药物。

有人问她是否想过要放弃，但是叶玉如不假思索地给了一个坚决否定的答案：

“我从没想过放弃，做科研一定要热诚，一定要很投入地去做，我想科学家有时会遇到困难，也许实验不是个个都成功，也许有孩子和丈夫要照顾，但是我要用毅力解决困难，再坚持不懈地做下去。”

从叶玉如的身上，让我们看到了什么才是一个成功的女人，也让我们在她身上读懂了女人的很多含义。

清晨太阳刚刚初生，叶玉如就开始带着她初生旭日一样柔美的笑容出现在校园里，然后在实验室里会出现她干练、忙碌、认真的身影，和她的学生一起匆匆行走于大大小小瓶瓶罐罐的各种实验仪器之间。这个时候的叶玉如是在进行科学研究，她是一名科学家，肩负着科学家的责任。

在会场你会看到知性、气质的她。因为她还担任科大理学院的院长和生物化学研究所的所长，必须负责一些行政工作。这时候的她是一个优秀的领导者。

她常常一边工作一边吃饭，但是也不忘了和同事调侃几句。在她周围人的心目中，她似乎不像是一个让人敬仰而又有点望而生畏的科学家，她更像是一个成功的让人羡慕和敬佩的女人。

晚上她要尽量回家吃饭，但在家中她从不提及她工作上的艰辛，她回到家中是一个温柔的妻子，是一个可爱的母亲——她会跟先生和孩子们聊天，也会一起看电视。

但是等到深夜，她又恢复到一个科学家的角色，昏黄恬静的灯光总是映出她伏案疾书的身影。每天她的工作时间都在12个小时以上。但是清晨时任何人都看不到她的脸上有熬夜所留下来的憔悴痕迹。她确实消瘦，但是她的脸上总写满了自信与坚强、亲近与温暖。汗水最终都会结晶成美丽的水晶！

她的无数个不眠的夜晚，在实验室里奋斗的无数个日日夜夜，最终凝聚成了她的辉煌时刻，也是她实现自己梦想的时刻——

巴黎时间2004年3月11日晚7点半，巴黎联合国教科文组织总部会议大厅，2004年度“欧莱雅——联合国教科文组织世界杰出女科学家成就奖”颁奖仪式在此举行。联合国教科文组织总干事松浦晃一郎先生和欧莱雅集团主席欧文中先生亲自为中国科学院院士叶玉如教授颁发“欧莱雅——联合国教科文组织世界杰出女科学家成就奖”！

家庭事业、专业成就、人际关系，叶玉如没有顾此失彼，她以一种“不抛弃、不放弃”的态度，享受到了属于女人的多样精彩。

诚然，不是每个女人都能拥有叶玉如一样的成绩，但每个女人却都能拥有一份属于自己的成功。从叶玉如的成功人生中我们获得了这样一个道理：既然选择了，就要有不抛弃、不放弃的决心。

女人智慧感悟

坚定目标，方能心想事成！——每个人的一生都会经历数不尽的美景，对于女人来说，是屈服于各种诱惑还是毅然前行？人生又充满了选择，无数经验事实告诉我们，人不能两次踏入同一条河流，有智慧的女人既然选择了就能勇敢地走下去，将自己也走成别人眼中的一道风景。

选一个“优秀”的男人做伴侣

女人选男人一定要有眼光，不要以为浑身名牌就是大款，不要以为温柔的男人就一定适合你，挑选到一个好男人做老公是需要学问的。

男人就像一辆车，你不仅得会开，还得会修。能找一个有品位的懂得欣赏自己的男人是女人一生最大的幸福。男女之间本身无所谓好坏之分，只要彼此之间相互爱慕、相处融洽，外人没有权力发言。女人如果遇到了心仪的男人，一定愿意托付终身，女人也会愿意为了这个男人而改变——白雪公主也能学会拿手的好菜，野蛮女友也会变得善解人意，“败家女”也会开始勤俭持家，驰骋商场的“女强人”也愿意从此柔情似水了……所以，一个好的男人能成就一个女人。

但是如果你不是公主，就不要幻想王子会爱上你，灰姑娘的故事毕竟只是童话中才有，而现实中的幸福“灰姑娘”又有几个呢?不要在成功男人中选老公，因为他们大多背后都会有一个女人，那时候你只能做藏在钱后面的女人，是他随时可以甩掉的包袱。选择一个可以升值的“潜力股”做老公，然后陪伴他支持他创业吧。

不要按条件去找老公，如果碰巧你爱的那个人有钱除外。爱情的确需要有经济做基础，但是如果一个男人肯为你步行几条街买你爱吃的红豆糕，在你熟睡后才抽出已经被压得发麻的手臂，做一手好吃的饭菜，每天早上叫你起床……那么不要犹豫，否则幸福就要溜走了。

为了不让"涉世未深"的你轻易走进男人的温柔陷阱，教你几招识别优秀男人的办法。

1. 一个优秀的男人最重要的应该是坚强

那些失败了就怨天尤人、萎靡不振、整日买醉、破罐子破摔还要靠你养活的男人坚决不能要。男人要能给女人安全感，如果你找一个老公，不能够照顾你，还要经常在你面前哭诉自己的不幸，让你也承担他实际上是可以挽救的痛苦，是非常失败的。

2. 忠诚

这点就不用多说了，相信所有的女人都不愿意自己的老公"红杏出墙"。

3. 要有气度

一个把你管得像自己孩子的男人，那一定不是爱你，是自私地占有。因为一点点小事就吃醋，不论你是与上司出去应酬，还是与多年不见的朋友聚会，在你回家后百般盘问或者阴沉着脸半天不答理你的男人，其实是自私的。

当然，他会说他是因为爱你才吃醋，可是爱一个人也要给她自由，女人应该有自己的社交圈，不能和社会脱节，不要做被男人用各种方法变相地留在家里的全职太太。女性要想为自己的生活做主，就要独立、自强，不能给自己自由空间的男人千万不要找。

4. 身体健康

没有哪个女人会喜欢一个整天病怏怏的男人。不是今天这疼就是明天那不舒服，什么也做不了，还要你一个弱不禁风的女子来照顾他。我们不要求他有多么威猛高大，但一定要身体健康才行。

5. 小心没有主见的男人

一个动不动就把“我妈说”这几个字放在嘴边的男人你敢要吗？你会不知道是在和他生活还是与他妈妈生活。孝顺是一个男人必备的品质。但是，夫妻之间的事都要征求老妈的意见，一定有恋母情结，这样的男人坚决不能要。记住，你嫁的是那个男人，而不是他的母亲。

6. 爱屋及乌

一个男人如果真的爱你，就会爱你的一切，包括你的朋友、你的家人以及你的坏习惯……如果他经常对你的朋友或家人抱怨连天，百般挑剔，那么如果你还想与他交往下去，就尽量避免他们之间的见面机会；如果他苛求到要求你与他们断绝来往，不用犹豫，甩了他吧！

7. 有一份稳定的收入

婚姻和爱情不同，是要建立在有面包的基础上。你的他不一定要有万贯家财，但是至少要有一份稳定的收入，基本的生活要有保障。所谓贫贱夫妻百事哀，如果一个男人连孩子的奶粉钱都拿不出来，这个月初就开始担心下个月的供房款，那么，你跟着他吃苦不算，甚至连一点安全感都没有。

8. 自信的男人最有魅力

一个浑身散发着自信的男人，看起来总是一副胸有成竹的样子，能不让你感到放心吗？仿佛只要有他在，就没有解决不了的问题。

9. 郎才女貌也要有限度

不一定要求他英俊潇洒，但至少看上去干净利落，不至于“影响市容”。

10. 细心又有情趣

他可以不记得你大伯小叔三姑四姨的生日，但你的生日与结婚纪念日一定要记住，这两个日子在婚姻生活中是很重要的。能够出去浪漫一下，还有礼物收是最好的。

11. 无不良嗜好

烟可以抽一点，酒可以喝一点，但都不能太过。哪个女人愿意天天回家面对一个醉醺醺的、嘴里还不时散发着一股浓浓的烟臭味的男人呢？至于嗜赌成性、整日风流快活，把自己打扮成小白脸的男人就更不能要了。

12. 社交能力强

不一定要活跃得见人就搭讪、见手就握的地步，也不需要他在社交方面有多么强硬的手腕，但一起出去应酬时，若像离群的动物一样一言不发，找不到任何话题与你的同事交谈，也融入不到任何群体中，凡事都需要你出来撑场面的男人，会让你脸面无光。

13. 有大男人气概

这不是说大男子主义，那种在家里家务一点不做、衣来伸手饭来张口的男人。大男人气概是指你在外面受到欺负时，他能够挺身而出，毫不犹豫地为你出头，真真切切地保护你。光是这一点，这个男人就值得你考虑托付终身。

14. 有责任心

男人一定要有责任心，自己做的事要敢于承担。那种一旦有事就往别人身上推的男人不但卑鄙而且可耻。

15. 有一颗平和的心

这个世界已经习惯以一个男人事业上的成功来衡量他的价值。事实上，一个人的价值在于他的存在对别人是否重要。即使那个人不能在事业上取得与其他人一样辉煌的成就，但是他的平凡生活对他身边的人一样很重要就代表有价值。

如果一个男人不能以一颗平和的心去看待自己的得失，整天愤世嫉俗，怪社会不公，怨生活不平，那么你和他在一起也会影响你的心态，容易偏激，给你的心理造成巨大的压力，导致你今后生活的不快乐。

女人智慧感悟

“优秀的男人”并不一定是“全能型”的男人，“优秀”对于每个女人来说都有不同的理解，这正如选鞋子一样，合不合适只有自己知道。女人要懂得选一个适合自己的男人去喜欢，一定要找一个让自己欣赏和信服的男人做伴侣。

拥有几个闺中密友

有一本书，谈及女人一生要做的50件事，告诫说在女人漫长的一生中，一定要拥有几个亲如姐妹的好友，这种朋友，有一个温暖的名字，叫“闺中密友”，简称“闺密”。哪怕历经铅华、子孙满堂，都不会妨碍你同密友的交往。

要知道，女人是天生的群居动物，最害怕孤独，所以女人逛街喜欢有人陪，吃饭喜欢有人陪，就连上厕所最好也不要“孤身一人”。绝大多数女人会对同性产生信任和依赖的感情，因为这是一个与自己完全相同的群体，她们能够理解和体会你的所有悲喜。就像有的话，不能对异性说，一说就出错；有的事，不能对异性做，一做就麻烦……闺中密友，可以让女人将心事放心说出，又不会担心有被出卖的可能。

闺密是可遇而不可求的。的确如此，这种在闺阁中生发出的私密感情，是其他感情无法相比的。一个至密女友，她可能了解你从初恋开始的每一段感情的来龙去脉，体贴地理解你的善变和朝令夕改，细心地懂得你的每一点心理波动。一个微小的细节，一抹温暖的眼神，一丝会心的微笑，一切只有同性之间才明白和理解的闺中情怀，尽在其中。

闺中密友，绝对是女人一生中必不可少的一部分。大凡这种称得上密友级别的，总是拥有共同生活的记忆，童年或读书时代的同学、邻居是最佳人选，因为有足够长的时间来了解彼此。知道了对方的人品、性情，日久见人心，就有了信任的理由。她是你的知音，有时，甚至比你自己更了解自己。这样的密友，是你一生的影子，自己走得再远，回头一望，她还跟在你的身后。

或者是她的善良、温存、理性、聪明，让人愿意与她共同分享一个秘密，在分享的同时，得到理解，智慧，勇气；甚至有时，就当对方是面镜子，一边说，一边已将自己看得清清楚楚。

但这样的朋友，往往少到精贵，因为精，所以贵，可遇不可求。如果遇到了，真的是一个女人最大的福气。

闺中密友是最好的情绪垃圾桶。当女人进入青春期，生命之轮也就开始了疯狂旋转。然后每一天似乎都可能成为多事之秋，每一天都能带来许多从未有过的体会，当然，烦恼和困惑也随之而来，当你将很多烦恼和困惑与男性朋友分享时，他们多数轻描淡写地打发了过去，最多也就是发出一声同情。但这些话题在跟女朋友分享时，就会发现她们不但能够理解和体会你的所有悲喜，还会给予你最贴近的关怀和帮助。因此排解烦恼、缓解压力的最常用方法就是找同性朋友倾诉，把一切情感垃圾倒给她听。

多几个女性朋友就不用担心被新陈代谢掉。从这一点上讲，两小无猜时建立的手帕友谊则要稳固得多。虽然在此之前，毕业的分离、工作的变迁、结婚生子之类常常让几个朋友有种大浪淘沙的感觉，可一旦这种友谊被保留下来，则让人有历久弥新的感觉——女人间的友谊是中号的气球，不如男人的那么大，也不如男人的那么空，自然也不如男人的那样容易破裂。

社会发展了，时代进步了，结婚生子的女人们越来越重视婚姻以外的种种社会关系，她们越来越敏感于自身的价值，热恋中的年轻女性也注意突破相依为命的二人胶着状态，因为她们知道这样可能妨碍自我发展。说的再高尚一些，当家庭、孩子、工作差不多要淹没一个女性的全部生命时，寻找精神自我就会成为女性的内在需求，女人在最挫败和失望的时候希望得到朋友的帮助。真正的友情不依靠事业、祸福和身份，不依靠经历、方位和处境，它在本性上拒绝归属，拒绝契约，是独立人格之间的互相呼应和确认。它使女人们独而不孤，互相解读自己存在的意义。所谓朋友，就是“无所求”吧。

在你的同性朋友面前，你可以毫无顾忌地显露一下隐藏多时的八婆本色。有时候女人在一起所讲的其实都是想讲给男人听又说不出口，说出口男人也未必用心听的话。在她们心里，男人是至爱，同时也是“残疾的听众”。比如《欲望都市》中的四个女人在全球观众面前谈性、表演性、享受性，在无数次成功的性经验与失败的爱体验之后，只有四个敏感、脆弱、独立的女性坐在一起的时候，我们才能感受到女人之于女人那真实、放松的一面。不用担心丝袜脱丝、担心自己的性诱惑力不够，不用怀疑自己不够完美，没有男人的约会，女人不仅可以暂且摆脱因男人而起的虚荣或嫉妒，而越来越会欣赏同性，同时在自由自在的氛围中，也会有难得的灵感闪现。

女性友谊有助于健康。美国心理学家凯瑞·米勒博士在一次调查报告中公布，87%的已婚女人和95%的单身女人说，她们认为同性朋友之间的情谊是生命中最快乐、最满足的部分，为她们带来一种无形的支持力。这种亲密的关系，作为一种预防性措施，一种对于免疫系统的支持，能够降低疾病对你的威胁，无论是头疼脑热还是心脏疾病以及各种严重的身体失调等，也就是说，一个人要保持身体健康，不仅需要锻炼身体和正确饮食，同时更需要加强对友谊的维护。由于女人和同性之间的沟通更开放、自然，并且能够给予对方同等的回馈，所以这种亲密关系，更容易在女人和女人之间产生。

女人智慧感悟

女人间的友谊，一定要把握好分寸，就算亲如闺中密友，也应该有一定的距离，这样，才会让你们之间的友谊长久保鲜。在你们的情谊中，最重要的一点就是尊重对方的隐私，不要把“无话不说，无所不谈”作为情深的最高标准，闺中密友，不在于言语的多少，关键在于理解。

摆脱消极情绪的纠缠

生活中的我们总能听到这样的话语：“哎，又不是小女孩了，还美什么。”“一个女人家，还争什么，有一份工作就做着吧。”……

这是典型的消极思想在作祟，有智慧的女人绝不会让自己陷入消极的深渊里，她们思路清晰，知道自己选什么、弃什么，什么才是真正属于自己的，决不会将自身轻易地交给他人或命运。

女人天性多愁善感、感情细腻，现实生活的不如意，常会引发她们忧虑、悲伤、抑郁、不开心等消极情绪出现，使她们产生宿命心理，严重的还会导致抑郁。

轻度忧郁的女人是拥有自我恢复能力的。但是如果不及时调整自己的心态，让这种消极的情绪长时间地持续下去，就需要引起重视了。据心理学家分析，长期的忧郁将会对人的身心造成巨大的伤害。

当陷入某种情绪之中奋力挣扎而又觉得无能为力时，女人们往往会很痛苦也很困惑，有智慧的女人常常能够分清情感与理性，努力让自己的心平静下来从复杂的情绪中走出，不会轻易对某事下决定。她们常常会扪心自问：无论发生什么事跟着自己的心走，没错吗？得到的回答是：如果心是公正、客观、理智的，那当然！可如果心是放纵的、茫然的、自私的，就不对了！理智思考有时比心更要懂得生存的现实。女人应该学会用理性驾驭自己的感情，摆脱消极情绪的困扰。

一个女人在精神上受了极大的挫折或感到沮丧时，需要暂时的安慰。在这个时候，她往往无心思考其他任何问题。当女人受到了极大创痛后，她甚至会决定去嫁给自己并不真心爱着的男子，这就是一个很好的例子。当一个女人陷入沮丧的境地时，他的亲朋好友经常会劝她说："不要担心，一切都会好的。"然而往往无济于事。她们已经深深地陷入伤心、失望和不能自拔的沮丧抑郁当中，失掉了正确的见解，也不会作出正确的判断。所以女人在希望彻底破灭、精神极度沮丧的时候，要学会控制自己的情绪而不是做情绪的牺牲品。

24岁的小李，是某公司职员，患有忧郁症，她总是贬低自己，谴责自己。她经常想起小时候到邻居家的花园里“偷”人家的花，还经常弄坏小朋友的玩具，为此，她就觉得自己是不是在小时候就是一个不听话的坏孩子。

最近她又在为妈妈的脚摔伤了而自责不已。上个星期，她跟妈妈一起出去，她去买水，结果回来时妈妈的钱包被人偷走了。妈妈在追小偷的过程中，摔了一跤扭伤了脚。为此，她非常自责，在她看来，这都是由于她的错误。要是她事先带水的话，要是她不去那么远的话，要是她走得更快一点……她在心里不停地“要是”，越想越觉得自己是罪大恶极，这就是典型的忧郁症的表现。小李并不只在这一两件事上这样，她对所有的事情都这样，认为什么事都与自己有关，虽然大家都不这样认为，但是她觉得是这样的，似乎自己只有一死才能谢罪天下。

一旦自己得了忧郁症，就要尽快调整，经过一段时间之后就会走出消沉。但是也有一些女人因方法不对而适得其反，使自己更加悲伤。所以，下面的方法可能会给你一些启示：

第一，让自己行动起来。可以把自己每天从起床到熄灯要做的事情写下来，吃饭、洗澡也包括在内。

第二，得到自我认可。你也可以想办法从某一方面帮助别人，这样你就会与他人接触，并同时感受到一种自我价值的实现，这也是一种积极有效的办法。

第三，可以听一听音乐。先听一段与你目前情绪较吻合的忧伤的曲子，然后逐渐改为欢快的曲子，直到让自己的情绪也随着乐曲逐渐欢快起来。或是穿一件颜色鲜艳的衣服，把自己打扮得漂漂亮亮，让自己振奋一下心情。

第四，当有重大的、不可避免的坏事情发生时，一定要保持心理的平静，以平和的心态去勇敢地接受最坏的情况。最后再把自己的时间和精力，拿来试着改善在心里已经接受的那种最坏的情况。

第五，研究证明，人们的行为可以在一定程度上决定人们的心绪。因此，专家建议：走路要步伐轻快，尽量不要拖拉着脚跟；要昂首挺胸，不要低头含胸；要笑口常开，不要愁眉苦脸，哪怕是假笑也可以对付忧伤。

女人智慧感悟

生活中女人们往往偏于感性，所以在感到沮丧的时候，千万不要着手解决重要的问题，也不要对影响自己一生的大事作什么决断，因为那种沮丧的心情会误导你的决策。

勇于放手，还自己一片蔚蓝的天空

人们常说一个人要拿得起、放得下，而在付诸行动时，拿得起容易，放手却很难。所谓放手，是指心理状态，也就是我们常说的要敢于放弃，就是遇到千斤重担压心头，也能把心理上的重压卸掉，使之轻松。

人活着，会有许多责任和许多欲望，这些东西要是拿掉了，人就会变得很轻松，如果你总是背着它们，最终有可能累死在路上。生活原本是非常淳朴、简单的，学会舍弃自己不特别需要、对人生益处不大的东西，保持一颗简单和明朗的心，你会觉得其实生活真的很美好。

人，正因为不懂得舍弃才会有许多痛苦。当你有了舍弃和清理自己的智慧时，就会豁然开朗，生命会马上向你展现出另外一个截然不同的景致。

张欣因相爱的人娶了别人而一病不起，家人用尽各种办法都无济于事，眼看她一天天得消瘦下去，家人、朋友真是看在眼里，急在心里。

后来，她的妈妈便带她去看了心理医生。心理医生很快便找到了病情的症结，于是耐心开导她并说："其实喜欢一个人，并不一定要和他在一起，虽然有人常说‘不在乎天长地久，只在乎曾经拥有’，但是并不是所有拥有的人都感觉到快乐。喜欢一个人，最重要的是让他快乐，如果你和他在一起他不快乐，那么就勇敢地放手吧！”

的确如此，喜欢一个人，就要让他快乐，让他幸福，使那份感情更诚挚。在心理医生的耐心开导下，张欣突然变得豁然开朗了，也不再郁郁寡欢，而她的病也一下子就没有了。

有个女孩如此抱怨道：“我很爱我的男朋友，为了他我愿意放弃任何东西，他喜欢的我会去做，他不喜欢的我就不去做。我对他简直是好得不能再好，可他不是很爱我。我也觉得这样太没自我了，可是我真的无法想象离开他的日子，我觉得我会死的，我总想有一天他也会很爱我的。”

这就是女人，常常为了爱情而把自己完全忽略。

电视剧《中国式离婚》，看过后使人感受颇深。剧情是以三个家庭为主线，尤其是女人的生存状态问题，主题深刻，结局耐人寻味；但作为女性看后总是有一种无以言表的沉重感。

剧中将一个中国式妻子——林小枫推到众人面前，引起了人们对婚姻的反思，对妇女自身价值、社会角色以及人生坐标的反思。在古代，婚姻是女人一生的赌博，她们将全部的希望寄托在丈夫有出息上，盼望着有朝一日“夫贵妻也荣”。即使在妇女独立的今天，不少女人仍然愿意将全部的爱与幸福寄托在丈夫身上，但往往换来的是失望。帮助男人成功并没有错，错就错在放弃了完善自我。没有一个良好的自我，只靠男人活着，永远是女人的悲哀。只有不断完善自我，与丈夫比翼齐飞，一同进步，一同成功，才会有良好的心态与丈夫相处。女性只有不断完善自我，才能把握自己，实现自我，并受到他人的承认和尊重。

当女性因婚姻迷失自我时，她就放弃了得到认可和尊重的权利。剧中结尾，林小枫终于清醒地意识到：经营婚姻和爱情，就像手中抓住的沙子，握得越牢，越容易流失。就像她经营的这个家一样，她是那么在意这个家、在意丈夫，甚而舍弃了自己心爱的工作，竭尽全力想抓牢这个家、抓牢自己的丈夫，但终究失败了。女性把自己的未来寄托在别人身上，舍弃了自尊、自我价值，幸福生活就没有保障。

对于很多女人来说，一旦遇到了某个心仪的男人，她往往会在自己生活中某些相对次要的事情上做出让步，时间一长，就迷失了自我。所以女人还是要有自己的思想和生活空间，坚持自我，这样你才不至于过别人的人生。

刘爱华是某集团公司的财务经理，曾经的她就是一个拿得起放不下的女人。每一次告别，告别故土，告别亲人，或是告别自己熟悉的一片风景，她都会生出无尽的伤感。更让人担忧的是，她无法从那种无尽的伤感里走出来，更做不到去潇洒地放弃然后在新的时空里坦然地接受一个新的开始。

后来在朋友及家人的开导和鼓励下，她终于明白了原来握在手里的并不一定就是真正拥有的，所拥有的也不一定就是真正刻骨铭心的。人生有很多的时候，需要一种宁静的呵护和坦然的放弃。只有这样，才会获得更多的快乐。现在的她再也不是过去的她了，而是一个精明干练的财务经理。

渴望得太多，反而会生出许多的烦恼。其实，生活并不需要这些无谓的执著，没有什么绝对割舍不了的，在生命里，也没有什么失去了就活不了的。你要想生活得轻松，就得学会放弃。拿得起，放得下，才能不为执著所苦。因为有选择就有放弃，学会放弃有时是一种解脱。

《卧虎藏龙》里有一句很经典的话：“当你紧握双手，里面什么也没有，当你打开双手，世界就在你手中。”紧握双手，肯定是什么也没有，打开双手，至少还有希望。很多时候，我们都应该懂得放弃，放弃才会使自己身心愉快，才会使自己获得快乐！

女人智慧感悟

有的时候路走错了，如果你毫无意识地继续走下去，那么你将会离目标越来越远，这个时候能够停下来就是进步。有智慧的女人就是懂得适时放弃，选择改变人生方向的女人。

现代女性之减法生活

最近几年，都市里开始流行减法生活，所谓的减法生活就把生活尽量简单化，因为不停地追逐、不断地索取已经让人喘不过气来了，是该抛下重负回归简单的时候了。

这里所说的简单生活，有两个方面的含义：一是我们可以利用简单的工具，完成我们的工作。另一个就是我们的生活态度应该简单一些，单纯一些，主要是对物质的要求简单一些。

这个世界本来就是复杂的，有人喜欢奢华而复杂的生活，而有的人却喜欢简单甚至是返璞归真的生活。当人性中的浮躁逐渐被时间消解了的时候，人们似乎更喜欢过简单的生活。这是人类发展的一种必然趋势。

时下有一些人不仅对物质的要求变得简单，诸如住简单而舒适的房子，开着简单而环保的车……而且当他处理工作的时候，也在追逐简单而实用的方式，用现代科技带给现代人的简单工具，“修改”着自己的工作和生活，背着薄薄的笔记本电脑，走到哪里工作到哪里，甚至在厕所里也可以打开电脑处理一些日常工作……并从这些简单中得到无限的乐趣。

节奏紧张的现代社会，各种各样的压力让人苦不堪言。一些克服压力生活的理念随之而生。像“我懒我快乐”、“人生得意须尽懒”等“新懒人”主张的出现，就一点不奇怪了。“新懒人主义”本着简洁的理念、率真的态度，从容面对生活，探究删繁就简、去芜存菁的生活与工作技巧。

国外有一本《懒人长寿》的畅销书上说，一个人要想获得健康、成就与长久的能力，就必须改变“不能懒惰”的想法，鉴于压力有害健康，应该鼓励人们放松、睡点懒觉、少吃一些，等等。它的主要观点是：“懒惰乃节省生命能量之本”。有时这不但是健康养生的观念，更是人们取得成功的理念。

“我懒我快乐”的懒人哲学，即使无力改变劳碌社会的不理智、不健康倾向，起码亮出了一份鲜明有个性的态度——懒人控制不了整个社会，但他却能控制自己的欲望。中国有个古人说得好：“从静中观动，向闲处看人忙，才得超尘脱俗的趣味；遇忙处会偷闲，处闹中能取静，便是安身立命的工夫。”

如下的故事中更是蕴涵着另一则减法原理。

当你渐渐长大以后，你会很羡慕你母亲结婚时的那套瓷器。那套瓷器放在玻璃橱里，只有擦灰时才拿出来。“总有一天这些都会成为你的。”母亲说。于是，在你的新婚的时候，母亲将那套精美的瓷器送给了你，但这时的你已不想要那些东西了，因为它们须得小心照料、擦拭才行。于是，你就把这瓷器转给你的朋友。她们得到后高兴极了，而你则省掉了一大堆活计。

有人把这故事告诉给了一个邻居，他说：“你正好给我出了个好主意！”第二天他拿了把铁锹，去挖房子前面的草地。这人简直不敢相信自己的眼睛：“这些草你要挖掉吗？它们是多么难得，而你又花了多少心血啊！”

"是的，问题就在这里，"邻居说，"每年春天还要为它施肥、透气，夏天又得浇水、剪割，秋天又要再播种。这草地一年要花去我很长时间，谁会用得着呢？"现在，邻居把原先的草地改种成一棵棵绿油油的山桃，春天里露出张张逗人爱的小脸。这山桃花不了多大的精力就能管理好，使他可以空出时间做些他真正乐意做的事情。

于是，有人得出这样的经验：把自己负责的事情分成许多容易做到的小事，然后，把其中一部分委托给别人。

生活节奏的加快，使女性感到压力倍增，而聪明的女人一定会掌握减法法则，为自己减压，为自己的生活添彩。

女人智慧感悟

去除那些对你是负担的东西，停止做那些已觉得无味的事情。这样我们就可以拥有更多的时间、更多的自由，在简单的生活中找到属于自己的快乐。

第十二章　告诉自己信什么、疑什么

孔子有言：所信者目也，而目尤不可信；所恃者心也，而心尤不足恃。可见要想真正了解一个人是很不容易的。一个有智慧的女人也是一个心明眼亮的女人，她们能够明辨是非，从善如流，她们也会在该糊涂时一掠而过，像一个智者般去生活。

信任，是生活走向和谐的基础

信任是一个古老的话题。当今社会，人人都希望被信任，同时又不敢轻易相信别人。与他人建立彼此信任的关系是人际关系中最高水平的体现。彼此信任，不仅是最文明、最令人满意、最美好的人际关系，而且也是效率最高的人际关系，它对人们拓展事业、增加财富、提高生活质量都会有很大的影响。

女人们如果留心观察就会发现，对自己多一份信任，就会让我们充满生命力与积极向上的精神，对爱人多一份信任，就会让我们少一些多疑、紧张与恐惧，让彼此的爱真正成长。对这个世界多一份信任就会让我们增添一份生命的厚重感，我们与这个世界就会有更好的联结，这个世界也将变得更加和谐、生动。

就以婚姻为例来说吧。

米乐才结婚两年，可是她却很不快乐。她丈夫只要离开她一刻，她就会不开心。丈夫有时要出去跟朋友们见面，有时要出去打一场高尔夫球，这时她就会觉得沮丧。这听起来实在很可笑，可是米乐认为他是在拒绝她，他们为了这事争辩了好几次。如果他选择出去做什么事，而没有米乐在场，她就会感觉被拒绝，可是他丈夫说米乐这样是想把他闷死。

事情终于爆发在一个周末，她们在海边度假，可是不到十分钟，米乐就离开那家旅馆了，因为发现丈夫跟一个漂亮的金发服务人员亲密地交谈了很久，自然地，她非常生气，就在服务台前大吵起来，她的脾气有时候真是不太好。她冲出去，跑到旅馆的庭园，庭园尽头有张长条椅，正面对着海岸。她坐在那儿不停地哭。

米乐不知道在那儿坐了多久，直到一个声音从背后传过来："对不起！你还好吗?"她转过头去，看到一位老人站在她身后。

她口齿不清地回答说："我很好，谢谢。"

老人看看海，说："很美！是吧?"

米乐抬头，看见天空在水平线的地方呈现出漂亮的猩红色。景色的确很美，可是她沮丧得没心情去欣赏夕阳。这时老人又说话了，他说："在我的国家有一个说法，每一段经验都会带来一个使人们生命更丰富的课题。"米乐静静地没说话，他继续说："即使当我们的关系出现问题的时候，我们也要期待着这一课。”

米乐想他一定听到自己与丈夫的争吵了。于是她说：“等一下我知道你是好意，可是我实在……”

“我曾有一个朋友，”老人打断话题继续说：“一个美丽的女人，她跟一个很好的人结了婚，他们疯狂地爱着彼此，可是几年以后他们开始有口角——几乎每天。你知道问题的症结在哪吗？她不信任他，而只要他不在她的视线范围之内，或跟别的女人说话，她就经常会猜疑、妒忌。久了他就觉得被困得快要窒息。她的恐惧把她爱的男人赶走了。”

米乐转过头面向着他，问道：“她为什么会这样，应该有某些原因吧？”

“事实上没有。那位丈夫没有做错什么，她只是一个很没安全感的女人罢了。这也很可以理解，她父亲是一个用情不专的男人，在几次外遇之后，抛下了她和她母亲。这个她生命中最重要的男人抛下她和她母亲之后，潜意识里她就不再信任男人了。”

“你知道一件很有趣的事吗？”老人说：“我们在人际关系上的困难，通常都来自于童年的经验。”

米乐点点头：“你可能是对的。我们都被童年的经验所掌握。”

“只有当我们愿意让自己被掌握。”老人接下去说，“过去并不等于未来。无论我们的过去、经验如何，我们都有改变它的力量。”

老人告诉她说，“这个女人现在的婚姻不但已经得救了，他们夫妻俩比以前更相爱。”

“她是怎么做到的？”

“这是信任的力量。”

“因为没有了信任，我们会变得多疑、紧张，而且害怕别人会背叛我们。那会为这段关系带来无法承受的压力——一方觉得紧张，另一方觉得被囚困住。”

“当我们改变，生命就跟着改变。一旦你将爱的秘密——信任的力量注入你的生活中，你的婚姻幸福的机会就能成倍数增加，因为你已经了解了这些可以为爱的关系注入营养的诀窍。如果你百分之百地对你的关系付出承诺，你绝对可以结婚，并稳定下来。如果你跟伴侣有良好的沟通，让他知道你是爱他的，那么你就不会觉得恐惧、犹疑或不信任。”

米乐若有所悟地点点头。

恐惧是由于我们对一些事情的体验在自我概念中被扭曲造成的。如果你想着问题会发生，你的恐惧就会投射到你的行为上，从而产生不可更改的事实。在婚姻里如果你不信任对方，妒忌就会经常缠绕在心头，也让对方觉得窒息。信任是爱的关系中，非常重要的一项内容。认识这点将是我们经验中最宝贵的一课。你不但必须信任对方，同时你还需要能够信任这份关系本身。

很多人在问题存在之前，就开始制造问题。可是这种行为是无益于爱和快乐的。唯一的方法就是信任你自己、你的伴侣和你的生活。换句话说，表现出信任，你的伴侣就没有感觉不安全的理由了。生活中也是一样，如果我们不被人信任也无法相信别人，很多商机、财富、幸福就会在观望中悄然溜走。女人们如果没有对这个世界建立起基本的信任，就会因多疑、敏感而走向自闭。

女人智慧感悟

相信别人，相信自己，相信生活。信任，是一个历久不衰的话题。人与人之间的关系多一份信任，才能于相互理解与支持中辉映出人性的光芒，才能使生活走向和谐。如果每个女人都拥有一份对生命、生活的信任，这个世界将会增添无限温情。

不要让怀疑的雾霭遮住双眼

怀疑是信念之星的雾霭，在人迷离的时候，遮住了人的双眼；动摇是信念之树的蛀虫，在飓风袭来的时候，折断挺拔的枝干；朝秦暮楚是信念之舟的礁屿，在潮汐起落的时候，阻止了奔向理想彼岸的行程。

生活中有许多女人，常常产生自我怀疑。“这件事我能做吗？”“这样下去恐怕是不行吧！”……殊不知，许多的机会与大好境遇就在这样不断的自我怀疑与否定中悄然溜走了。与之一起流逝的还有青春的大好时光，留下的却是更加乏味的空虚与自我贬抑。

女人，若要成功，就不要脆弱地怀疑自己，哪怕在前进之路上遇到的挫折再多也不要否定自己的能力。

要论遭受挫折和失败，有谁能和亚伯拉罕·林肯相比？

1832年，林肯失业了，这显然使他很伤心，但他下决心要当政治家，当州议员，糟糕的是他竞选失败了。在一年里遭受两次打击，这对他来说无疑是痛苦的。他着手自己开办企业。可一年不到，这家企业又倒闭了。在以后的17年间，他不得不为偿还企业倒闭时所欠的债务而到处奔波，历尽磨难。他再一次决定参加竞选州议员，这次他成功了。他内心萌发了一丝希望，认为自己的生活有了转机："可能我可以成功了！"第二年，即1835年，他订婚了，但离结婚还差几个月的时候，未婚妻不幸去世。这对他精神上的打击实在太大了，他心力交瘁，数月卧床不起。在1836年他还得过神经衰弱症。1838年他觉得身体状况良好，于是决定竞选州议会议长，可他失败了。1843年，他又参加竞选美国国会议员，但这次仍然没有成功。

他虽然一次次地尝试，但却是一次次地遭受失败：企业倒闭、情人去世、竞选败北。对此，他没有消极地怀疑自己而放弃，而是依然坚定斗志。1846年，他又一次参加竞选国会议员，最后终于当选了。两年任期很快过去了，他决定要争取连任。他认为自己作为国会议员表现是出色的，相信选民会继续选举他。但结果很遗憾，他落选了。因为这次竞选他赔了一大笔钱，他申请当本州的土地官员。但州政府把他的申请退了回来，上面指出："做本州的土地官员要求有卓越的才能和超常的智力，你的申请未能满足这些要求。"

接连又是两次失败。在这种情况下你会坚持继续努力吗？你会不会说"我失败了"？

然而，他没有服输。1854年，他竞选参议员，但失败了；两年后他竞选美国副总统提名，结果被对手击败；又过了两年，他再一次竞选参议员，还是失败了。

在林肯大半生的奋斗和进取中，有9次失败，只有3次成功，而第3次成功就是当选为美国的第16届总统。

在挫折和失败的过程中，林肯始终没有消极地怀疑未来的前景，没有灰心丧气，而是矢志追求，不达目标绝不罢休。正是这种坚定地精神使他创造并展现了人生的辉煌价值。

人的一生中不可能不遇到困难，甚至是大的挫折。问题是，有的人面临困难时，他们无所畏惧，百折不挠，将困难视为生活的一种考验，并使之转化为一种积极有利的因素；而有些人遇到困难，首先就会畏惧退缩，为之折服，并且抱怨，他们把困难当做是一种无法逾越的障碍，甚至是人生的一种不幸。这两种人所表现出的差别，实质上来说，就表现在对未来前景的疑虑上，对自己能力的怀疑上。

当你思想上注满较多消极怀疑的成分时，必然会影响你积极的行动。所以我要说，女人，巾帼不让须眉！坚定地相信自己，不要让怀疑的雾霭遮住双眼，那么什么困难都可以克服，什么愿望都可以实现。

向着阳光的人，身后总会留下长长的影子。这就是生活。我们要学会接纳它的不完美，将自我怀疑的阴影永远地抛在身后，对生活保持一份冲浪般的激情。

女人智慧感悟

人的心灵世界中有魔鬼也有天使。女人只有让天使和自己说话，摆脱自我怀疑的阴影，才能过有质有量的生活。

爱自己就要相信自己

大多数的女人，在慷慨大度地向人间奉献爱的时候，却忽略了爱她们自己。

所有的女人都是一样的，在谈恋爱的时候会很看重彼此的这段感情，以至于都失去了自我；在结婚后又会只注重自己的老公和孩子，很少能想到自己。

你也许正在因自己为家庭、老公、孩子的付出而感到骄傲，但我要提醒你，在这之前你好好地爱自己了吗？如果你没做到，那么你的无私付出就是徒劳的。

不要爱一个人爱得浑然忘我。太爱一个人，就会被他牵着鼻子走，如被魔杖点中，完完全全不能自已。从此，你没有了自己的思想，没有了自己的喜怒哀乐……

那样全身心的爱只应出现在小说里，这个社会越来越不欢迎不顾一切的爱。给他呼吸的空间，也给自己留个余地。飞蛾扑火的爱情，正在进行时固然让人觉得壮美，但若他成为过去时，你如何收拾那一地的狼藉？投入那么多，你能否面对那惨重的损失？

作为女人，我们真的很重要。我们一生中要承担多重角色，女儿、妻子、母亲、女友……对每个角色我们都要尽善尽美，一如我们心底对自己的要求和愿望。

当你恋爱时，爱你的身体；当你结婚时，爱你的气质和容颜。

我们肩负着承上启下的责任。我们快乐，家庭就会安定和充满活力；我们安详，全世界都会感到和谐宁静；我们幸福，所有的人都会受到感染，因为我们的影响无处不在。

爱自己，就是接受自己的角色，充分享受这个性别赋予你的天赋的优雅与从容；爱自己，就是懂得自己的需要，安排好自己的生活，维护好生命中最重要的东西；爱自己，就是经营好自己，做自己最想成为的人，让自己漂亮、快乐起来。

只有你懂得爱自己，才能更好地爱别人，被你爱的人才不会感到压力！如果你只有平凡的外表，请记得学会给自己营造一份有质有量的生活，用后天的修为来培养自己的气质，让举手投足间拥有无比的优雅从容，在为人处世中学会豁达与从容，让你自己人格的魅力熠熠生辉，在那些漂亮的女人中脱颖而出，表现着仅属于自己的柔媚与内涵，使你成为最亮丽的风景。

爱自己，首先就要做到相信自己。

在母亲眼里，自己的孩子永远是最漂亮的。在男人眼里，女人不是因为漂亮才美丽，而是因为可爱才美丽。在孩子眼里，只要能感受到母亲安全、温暖的胸怀，再丑的母亲也美丽……那么，在这个并不十全十美的世界里，为什么非要苛求自己更完美一点呢？

假如自己脸上有一点瑕疵就不敢用阳光般的微笑面对他人，假如就因为手指不如他人修长，就自卑得不肯伸出来与他人有力地握手；那么再美丽的衣裳穿在身上，又怎么能体现出自己的“精气神”？又怎么让自己在生命的自然中拥有更多的和谐呢？

不必去羡慕别人，其实你自己身上也有很多优点。所以，你一定要学会欣赏自己，努力去寻找自己的长处。

卡耐基先生说过："发现你自己，你就是你。记住，地球上没有和你一样的人……在这个世界上，你是一种独特的存在。你只能以自己的方式绘画。你的经验、环境、遗传造就了你，不论好坏与否，你只能耕耘自己的小园地；不论好坏与否，你只能在生命的乐章中奏出自己的音符。"

的确如此，每个人都会既有优点，又有缺点。但我们应该懂得接受自己，爱自己，等我们对自己有了良好的感觉后，才能自信地与人交往，才能出色地发挥自己的才能与潜力。所以我们应该相信自己，发现自己更多的长处，更加欣赏自己。

女人们，给我们自己留一点享受的时间和空间吧。不要一拖再拖，不要一等再等，应该从今天开始，从现在开始……

女人智慧感悟

女人应该学会自我欣赏，从而摆脱不良情绪对自身的困扰。懂得自我欣赏的女人光彩照人，落落大方，灿烂的笑里有一股高贵的气息，让别人在仰慕的同时又有些敬畏。女人要为自己喝彩，多给自己一些掌声，多给自己一些鼓励，你才能在人生的风雨路上，挥洒自如。

相信自己，不因想逃离而跳槽

在当今时代，由于市场格局高速的转变，跳槽不但有许多可行之处，也会给职业女性们带来更多的机遇。但跳槽前一定要做到不盲目、不逃避，以一个理性而成熟的心态来做决定。

职业女性在面临择业的困惑不久后，又迎来了跳槽的诱惑。许多年轻女性在刚毕业的一年内，就连续换了几份工作。她们涉世未深，社会经验也不丰富，却敢贸然地频繁跳槽，刚刚在一个位子上坐稳，就又蠢蠢欲动，寻找下一个目标了，究其原因，有高薪诱惑，也有自傲的心理。有一些职业女性，她们在跳槽时并没有什么明确的职业方向，只是由于在原单位受到了挫折，便盲目地想逃离，从而导致了跳槽现象的不断发生。

如果职业女性自身没有坚定的自信，不能直面工作中的困难，只是因为逃避而跳槽，那么也许你在这份工作中遇到的困难，换了下一份工作，仍会继续困扰你，最终对你的个人成长和职业发展都不利。李丽的例子就很好地说明了这一点。

大学毕业后，她在广州这个大都市找了份和自己专业对口的文员工作。可不久她发现，自己的部门女主管心机很深，对她百般挑剔，似乎自己怎么做都不对。李丽觉得自己继续工作下去也不会得到重用，于是决定辞职。在北京浓厚的文化气息的感召下，李丽冲破重重阻力杀到了北京这个具有挑战性的城市，并筹划着自己的现在和未来。

有了一些积蓄的时候，李丽觉得自己在北京找的第一份工作的公司里同事的整体素质低，互相倾轧，缺乏团队精神。于是她又开始找寻自己的下一份工作。终于找到一家中意的公司，正准备踏踏实实大干一场的时候，她却又碰到了不“中意”的领导。复杂的人际关系让她喘不过气来，在“严重缺氧”的情况下，她厌倦了那种整天勾心斗角的状态于是又开始逃离。

李丽这次离开北京去了浪漫都市——大连发展。因为她认为那将是充满情调的更适合自己的城市。

李丽的跳槽现象，和她的人际协调能力差是分不开的。可以看到她的职业方向感很弱，虽然她有着很强的职业动力，但是一有不顺，她便想逃离现状，寻找更好的目标。这样任意的逃避，只会让她越来越迷茫。或许几年后，她还在为自己的不适合的工作而苦恼。

有的时候，在你全身投入到一个工作中时，经过努力却还是发现这个工作其实并不适合自己，每天都会发现很多让自己烦恼的问题。这时，你必须耐着性子去培养与工作、与同事的默契，与人多沟通以寻找解决问题的方法。

职业女性在社会中行走，人际关系是个很大的问题。很多时候，如果职业本身符合自身的定位，那么就要努力去适应公司的文化，人际交往不可能以自身的意志为转移，在某个人身上遇到的障碍，换成下一份工作，会在另一些人身上出现，同样的问题会不停地困扰你。女性们只有调整自己去适应复杂的社会环境，才能改善职业生涯中面临的这种窘境。

女性的职场跳槽现象说明：女性职业动力强，永远不满足于既有的生存状态；职业女性追求高，对自己有高要求，希望不断地去补充能量，追求完美的工作环境；女性的职业方向感弱，她们不断地飘荡，却始终无法找到适合自己发展的平台和相对稳定的生活；女性又耐不住寂寞，每一个人刚入职时都有一个相对寂寞的时期，面对复杂的人际关系和重复而繁重的工作时，年轻的女性们往往开始退缩，试图通过环境来改变自己面临的难题。

林林是某集团公司的财务总监，她的工作已经驾轻就熟。但在集团的一次组织结构调整后，几位熟识的同事，纷纷因不同的原因离开了公司，对她有很大触动。她开始萌生退意，很快她找到了一家猎头公司，说明了自己的意愿，不久她就在新的公司上班了。

临走时，公司的人力资源部极力挽留，可林林去意已决。但是到新公司上任不久林林就发现各方面还不如原来的公司，待她再和原公司联系试图回去时却遭到了拒绝。

在职场发展的女性，应该知道，跳槽就像鲤鱼跳龙门，也许你的一跳，能够得到更加鲜活的水源，给你更多发展的空间，使你茁壮成长，你的职业价值会进一步升值；也可能你的一跃，会使你陷入很尴尬的境地，你忽然发现你只是在逃离原来公司的某些人事纷争，而真正适合你的还是你原有的那份工作，此时则悔之晚矣。

在职场中发展的女性，认定目标就要一直走下去，投入很好的耐心去迎接工作中出现的难题。女人要相信自己，遇到困难就选择逃离只能使你的职业生涯显得凌乱不堪，经常跳槽还会让人形成惰性心理，在工作中一有不顺就想开溜，最终会难以逃脱被淘汰的结局。

女人智慧感悟

自信，代表着一个人性格中的阳光面，是所有成功的支点。无论在生活中还是在职场中都尤其需要如此，一个不相信自己的女人，只会被自我否定所吞没，终将一事无成。

在职场中辨析自己的境遇

无论是初入职场的年轻丽人，还是已有多年资历的职业女性，在竞争日益激烈的社会面前，都想拥有独立和自信，都想在工作中不断突破自我，充分发挥自身才华。但是，复杂的人际关系和工作局面，常常令她们困惑，并渐渐对工作产生倦怠心理。因为工作就是责任，是压力。而你的收入越高，就意味着你的责任越大，压力也越大。日复一日的重复与忙碌，让你感觉自己的工作枯燥无味，久而久之便会产生一种职场“倦怠症”。

“累死累活的，工资就那么点，这班上的真累。”

“早上起床就想请假啊，真不想上班。”

在职场中，有些女性还会认为工作给自己的身体、家庭造成了很大的影响。在公司里多数升职的主管都会报怨：做事太多，责任太重，工作很辛苦，还是当小职员的时候最好。还有些女性把自己眼睛近视越来越严重的原因，归结为工作长期面对电脑的结果；颈椎病是因为自己长时间在电脑前加班加点的工作所导致的，等等。种种的抱怨让人觉得似乎是工作的劳累，使她的身体受到了损害。

然而职场中也有许多的女性由于工作性质的不同，会遇到经常加班，工作量大，没有大量的时间和家人在一起的情况，但她们并没有感到“工作伤人”，她们利用工作以外少量的时间去锻炼身体，和家人享受快乐时光。在拥有成功的事业后也拥有了健康的身体和幸福的家庭。

冯菲是一个销售经理．她有一个可爱的女儿。平时加班加点的忙碌是家常便饭，经常到各地出差，成为她工作中必不可少的一部分，常常与家人聚少离多。她每到一个城市出差，都会带回当地的一些特色商品，或是特色小吃，或是卡通玩具，也许这些东西并不昂贵，但是她却把这个城市的气息带给她的女儿，家人对她出差的工作也一直支持配合着。在单位，作为一个职业女性，她不仅面临公司的业绩考核压力，还要在竞争对手强势的进攻中求生存；在家她又要作为一个孩子的母亲，通过和女儿的沟通来了解她的学习近况。她一直在工作和家庭中忙碌着，乐此不疲。

事实证明，只有那些工作能力和工作态度有问题的人才会常常把“工作累人”挂在嘴边。须知，消极的心理只会导致悲剧的观念，而阳光的心理才会带来乐观，才能在生活和工作中展现轻松和热情。在职场中的女人要学会辨析自己的境遇，并于自我调节中展现自己积极的生活态度。

曾君是个热爱运动的女孩子，她的工作性质又要求她必须长时间待在办公室里，但是她却很喜欢这一静一动的生活节拍。每逢周末，她总是约几个好友，去打羽毛球，乒乓球。她在球场上跳跃、扣球，总是玩得很投入。每次大汗淋漓后，她总感觉到很畅快，然后再投入新一轮工作的时候，她总是信心百倍，精力充沛。对于曾君来说，工作和生活似乎像两个不同音符，在她的手中弹奏出了美妙怡人的旋律。

当我们在抱怨工作太累，好想休息的时候，应该平心静气地想一想为什么同样的工作，别人看起来神采飞扬，而自己却委靡不振。当自己感到太累的时候，休息就能解决问题吗？也许你是单纯想逃避工作，也许是自己的心日复一日失去了对工作的激情，麻木地认为自己已经被生活压得喘不过气来。

在职场中，女性一定要弄清楚是工作累，还是心累，如果觉得工作的确是在超负荷运转，你可以适当地给自己放假，重新认识自己，规划更适合自己的职业蓝图；如果是心的疲累，那么，你应该做的不是去匆忙投简历，换工作，而是重新审视自己工作的心态，当你能够理性地看待自己的工作和生活的时候，或许你会发现你的恶劣情绪才是导致你工作累的主导因素。

职场女性要学会避免心累，首先要善于调整自己工作的态度。当你找到一份适合自己的工作，要像谈恋爱般地去包容，去为之奋斗。不要把工作当成是一种煎熬，要学会去享受工作。想想自己选择的每一份工作，都是自己从无数竞争者中脱颖而出得来的。首先，你工作履历要足够优秀才能被选入参加面试，初试的时候，可能你会遇到很多这样那样的难题，你必须有出色的发挥，让面试官看到你的闪光点才能顺利过关。然后在有幸参加复试的时候，还要接受上司对自己专业知识以及工作态度的考察。最后，当你过五关斩六将终于得到期望已久的工作时又怎能不用心去对待？当你用心去喜欢自己的工作，爱上自己的工作时，你也会从工作中得到快乐以及成就感。

其次就要注意劳逸结合，多接触新鲜的东西，多去呼吸外面清新的空气。给大脑充氧，给心灵解压。

无论你从事的是什么工作，不管你在公司里是怎样的忙碌，作为职业女性，一定要保证每周给自己一些放松的时间。你喜欢运动，你可以和家人一起去爬山、游泳，让自己紧张了一周的身体得到最大限度的舒展；你喜欢茶艺，可以约上很久没见的好友，到茶吧里喝茶聊天；你喜欢唱歌，可以尽情地在 KTV 放声高歌，释放自己的情感；你喜欢读书，也可以在自己的书房里静静地坐一个下午，在温暖的阳光里，看自己喜欢看的书；你喜欢购物，还可以去商场过一把购物瘾，买一些漂亮的服装。

总之，职场中的女性朋友要尽情享受属于自己的自由时间，放松紧绷的心情，让干涸的心灵不再疲惫。享受生活的过程也是给自己充电的过程。让你再一次迎接新一周的工作时，斗志激昂，信心百倍。

女人智慧感悟

工作中的你，是不是也经常会遇到类似的情况，难有创意的案头策划、停滞不前的销售额、做不完的财务报表……有智慧的女人绝不会让这些现实事务困扰自己，给自己的心灵增添不必要的负担，因为她们懂得一次只能做一件事情，她们会按照自己的想法，有条不紊地将每件事情做好，将工作当做一件快乐的事情。

参考文献

[1] 天舒，张滨．幽默有智慧［M］．北京：石油工业出版社，2006.
[2] 笛子．懂心理的女人最幸福［M］．北京：中国商业出版社，2009.
[3] 张笑恒．会说话的女人最出色［M］．北京：朝华出版社，2008.
[4] 陈彤．女人的幸福与什么有关［M］．武汉：湖北人民出版社，2008.
[5] 高虹．人一定要知道的事［M］．北京：群言出版社，2008.
[6] 笛子．情商决定女人的一生［M］．北京：中国商业出版社，2008.
[7] 赵明林．会说话的女人最好命［M］．北京：中国商业出版社，2008.
[8] 王化萍．女人细节全书［M］．合肥：安徽教育出版社，2008.
[9] 浩田．女人就要有心计［M］．北京：中国商业出版社，2008.